噪声污染防治案例系列图书

公共场所社会生活噪声防治良好案例

——公园、广场等室外公共场所

生态环境部大气环境司
生态环境部核与辐射安全中心 主编

中国原子能出版社

图书在版编目（CIP）数据

公共场所社会生活噪声防治良好案例／生态环境部大气环境司，生态
环境部核与辐射安全中心，主编 . —北京：中国原子能出版社，2021.12（2023.4重印）

ISBN 978-7-5221-1692-1

Ⅰ.①公… Ⅱ.①生… Ⅲ.①社会科学总论-社会学

Ⅳ.①C91

中国版本图书馆 CIP 数据核字（2021）第 234175 号

公共场所社会生活噪声防治良好案例——公园、广场等室外公共场所

出版发行	中国原子能出版社（北京市海淀区阜成路 43 号　100048）
责任编辑	胡晓彤　裘　勖
装帧设计	刘梦凡
责任印制	赵　明
责任校对	宋　巍
印　　刷	河北文盛印刷有限公司
开　　本	787 mm×1092 mm　1/16
印　　张	9.75
字　　数	262 千字
版　　次	2021 年 12 月第 1 版　2023 年 4 月第 2 次印刷
书　　号	ISBN 978-7-5221-1692-1
定　　价	63.00 元

发行电话：010-68452845　　　　　　　　　　版权所有　侵权必究

前　言

近年来，室外公共场所跳广场舞、唱歌、健身等文体娱乐活动产生的噪声引发了越来越多的投诉。公共场所社会生活噪声防治已引起各级管理部门及人民群众的高度重视。

为深入贯彻落实习近平生态文明思想，响应"要切实为群众办实事解难题"的号召，总结噪声污染防治工作经验，提高各地噪声管理水平，生态环境部于 2021 年 2 月—4 月通过各省（自治区、直辖市）生态环境厅（局）征集了一批公园、广场等公共场所社会生活噪声防治良好案例，收到 16 个省份 45 个城市共 93 个案例。经过一轮初选，三轮专家评审，五轮修改，最终筛选出 19 个具有一定参考借鉴和推广价值的案例，完善后汇编成册，供广大噪声监督管理者、公共场所管理者、公共场所活动组织者、噪声防治工作者等相关人员参考借鉴。

本书由生态环境部大气环境司、生态环境部核与辐射安全中心共同编著，第一章由张丽娟、汪婕、赵佳美共同执笔编写，第二章至第五章为北京市、天津市、河北省、上海市、江苏省、浙江省、江西省、山东省、湖北省、广东省、广西壮族自治区、陕西省等相关单位人员编写的公共场所社会生活噪声防治具体案例。所汇集案例经温香彩、徐少辉、户文成、胡静、高爱华评审，由修审组李宪同、姚琨、杨洁、赵杉杉、张丽娟、汪婕、赵佳美修改完善。感谢相关人员的辛勤付出以及大力支持，特此表示衷心感谢。

本书涉及的案例较多，编写时间仓促。虽然每位作者都尽了最大努力，力求精品，但囿于各位作者的水平和资料收集的局限，其不足之处在所难免。敬请各位读者批评指正，我们将不胜感激，以期再版时修改完善。

编　者

2021 年 10 月

目　　录

第一章 绪 论

随着人民物质生活水平的不断提高，人民群众对于精神文化生活的需求也日益增加。近年来，在公园、广场等公共场所由群众自发组织的广场舞、唱歌、健身等文体娱乐活动越来越普遍。这些文体娱乐活动门槛相对较低，对活动参与者和场地要求不高，深受中老年人喜爱，逐渐成为全民参与的文体娱乐活动，丰富了社区文化娱乐生活。但是，广场舞、唱歌、健身等文体娱乐活动给参与者带来放松、愉快和健身的同时，音乐声、歌声、呐喊声也严重影响着生活在公园、广场周边居民的正常工作、休息和学习。

公园、广场等公共场所的文体娱乐活动噪声扰民问题已经成为一些城市社会生活噪声污染防治中的难点和重点问题。经常有文体娱乐爱好者与周边居民产生冲突，乃至上升为治安事件，这类新闻屡见报端。一面是人民群众对文体娱乐活动需求的日益增长，一面是人民群众对宁静生活的向往，如何做到两者兼顾，不断增强人民群众幸福感、获得感，已经成为噪声监管部门需要解决的首要问题。

习近平总书记多次强调要坚持以人民为中心，积极回应人民群众新要求新期待，强调坚持良好的生态环境是最普惠的民生福祉，坚持人与自然和谐共生，还自然以宁静、和谐、美丽。2021年2月20日，习近平总书记在党史学习教育动员大会上强调"要切实为群众办实事解难题"。要把学习党史同总结经验、观照现实、推动工作结合起来，同解决实际问题结合起来，开展好"我为群众办实事"实践活动，把学习成效转化为工作动力和成果。

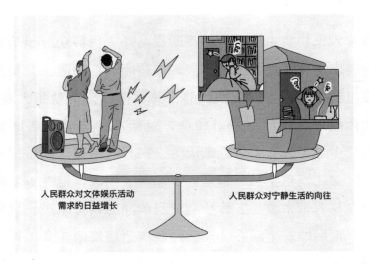

人民对文体娱乐活动的需求与人民对宁静生活的向往需要平衡

据不完全统计，2020年全国省辖县级市和地级及以上城市的生态环境、公安、住房和城乡建设等部门合计受理环境噪声投诉举报约201.8万件。其中：社会生活噪声投诉举报最多，占53.7%；建筑施工噪声次之，占34.2%；工业噪声占8.4%；交通运输噪声占3.7%。生态环境部门"全国生态环境信访投诉举报管理平台"共接到公众举报44.1万余件，其中噪声扰民问题占全部举报的41.2%，排各环境污染要素的第2位。

随着公众对美好环境的期待不断提高，人们既需要蔚蓝的天

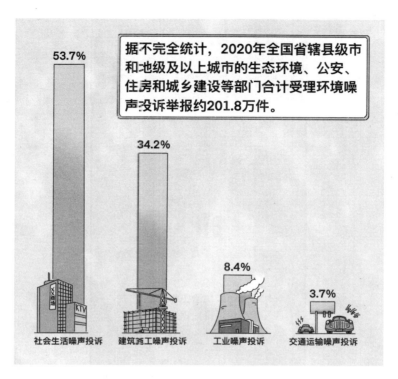

据不完全统计，2020年全国省辖县级市和地级及以上城市的生态环境、公安、住房和城乡建设等部门合计受理环境噪声投诉举报约201.8万件。

53.7%

34.2%

8.4%

3.7%

社会生活噪声投诉　建筑施工噪声投诉　工业噪声投诉　交通运输噪声投诉

2020 年各类噪声投诉占比情况

空、清澈的河流、美丽的海湾，也需要宁静的环境。而城镇化的快速发展、城市人口数量的增加等多种原因，使我国现阶段的噪声污染成为公众关注的热点问题，成为人民群众身边的烦心事。防治噪声污染，是生态文明建设和环境保护工作中不可或缺的重要内容，是事关人民群众利益的重要工程。《中华人民共和国国民经济和社会发展第十四个五年规划和 2035 年远景目标纲要》中针对噪声污染防治工作提出了"加强环境噪声污染治理"的目标。

《中华人民共和国国民经济和社会发展第十四个五年规划和
2035 年远景目标纲要》提出"加强环境噪声污染治理"的目标

一、公园、广场等室外公共场所分类

目前我国对于公园、广场分类的主要依据是《城市绿地分类
标准》（CJJ/T 85—2017）。根据该标准中的规定，大类中的公园
绿地（G1）和广场用地（G3）基本涵盖了本书中所涉的文体娱
乐活动噪声扰民问题的大部分公共场所（具体分类如下表所示）。
除上述属于公园、广场类的室外公共场所，一些商业广场、居住小区内广场、立交桥下等室外活动场所，也是公众开展文体娱乐活动的主要场所。

《城市绿地分类标准》中公园、广场分类表

公园、广场 分类代码和名称		公园、广场分类内容	备注
G1 公园绿地		向公众开放，以游憩为主要功能，兼具生态、景观、文教和应急避险等功能，有一定游憩和服务设施的绿地	
G11	综合公园	内容丰富，适合开展各类户外活动，具有完善的游憩和配套管理服务设施的绿地	规模宜大于 10 hm²
G12	社区公园	用地独立，具有基本的游憩和服务设施，主要为一定社区范围内居民就近开展日常休闲活动服务的绿地	规模宜大于 1 hm²
G13	专类公园	具有特定内容或形式，有相应的游憩和服务设施的绿地	如动物园、植物园、历史名园、遗址公园、游乐公园、儿童公园、体育健身公园、雕塑公园等
G14	游园	除以上各种公园绿地外，用地独立，规模较小或形状多样，方便居民就近进入，具有一定游憩功能的绿地	带状游园的宽度宜大于 12 m；绿化占地比例应大于或等于 65％
G3 广场用地		以游憩、纪念、集会和避险等功能为主的城市公共活动场地	绿化占地比例宜大于或等于 35％；绿化占地比例大于或等于 65％的广场用地计入公园绿地

二、公园、广场等室外公共场所社会生活噪声扰民特点

（一）公园、广场周边噪声敏感目标集中

公园、广场作为市民进行文体娱乐的活动场地，一般位于城区，且周边居民住宅较多，而广场舞等文体娱乐活动大多为周边居民自发组织，携带的设备、音响的音量、活动的时间地点等无专人统一管理，导致活动时如不注意控制音量和活动时间，就会影响到周边居民的休息。

公园、广场周边噪声敏感建筑物集中

（二）噪声污染及扰民等法律、文明意识淡薄

由于近年来进行体育锻炼和文娱活动的人越来越多，许多公园、广场内有的凌晨五六点就已经打开音响等设备进行文体娱乐

活动，有的则是直到深夜还未结束，导致公园、广场附近居民无法进行正常的工作、学习和休息。参与文体娱乐活动的广大群众所涉人员众多，部分人员由于缺乏自我约束能力、对噪声的危害认识不足或思想观念尚未转变等原因，面对劝导和制止扰民行为的执法或管理人员时，持有"我跳舞与别人不相关""声音大点不过是小事一桩不会造成严重后果"或"健身时音乐大点不算违法"等观点，从而激发矛盾。

（三）调查取证困难

公园、广场内文体娱乐活动噪声扰民的调查取证困难。首先是噪声监测取证不可重复，一旦对监测结果有异议则无法进行重复测量和验证监测。其次是公园、广场内文体娱乐活动的噪声扰民具有一定的随机性，存在执法部门开展调查取证时，文体娱乐活动已结束；或当执法和监测人员在场时，调低音响等设备的声音，待执法和监测人员离开后，再调高音响等设备的声音等现象。

三、解决对策和措施

公园、广场等公共场所的噪声扰民问题，并不是没有解决办法，但需要多部门相互协调，多措并举，刚柔并济，才能达到有效的治理效果，满足人民群众文体娱乐活动和宁静生活环境同时兼得的需求。

（一）完善法律制度

法律法规及相关规章制度不断完善，是解决公共场所文体娱

（一）完善法律制度

（二）加大宣传力度

（三）加强协调配合

（四）引导群众自治

（五）利用技术创新

（六）划定区域功能

（七）开展执法处罚

（八）明确噪声限值

多措施治理公共场所噪声

乐活动噪声扰民问题的法制保障。在国家层面，有《中华人民共和国噪声污染防治法》（以下简称《噪声法》）和《中华人民共和国治安管理处罚法》（以下简称《治安管理处罚法》）。

《噪声法》第六十四条规定，在街道、广场、公园等公共场所组织或者开展娱乐、健身等活动，应当遵守公共场所管理者有关活动区域、时段、音量等规定，采取有效措施，防止噪声污染；不得违反规定使用音响器材产生过大音量。

《治安管理处罚法》第五十八条规定，违反关于社会生活噪声污染防治的法律规定，制造噪声干扰他人正常生活的，处警告；警告后不改正的，处 200 元以上 500 元以下罚款。

许多城市在地方性的法律法规中，规定了公园、广场等公共场所的文体娱乐活动应控制音量避免干扰周围环境。如：

北京市在《北京市环境噪声污染防治办法》第二十九条规定，在街道、广场、公园等公共场所组织娱乐、集会等活动，使用家用电器、乐器及其他音响器材的，应当控制音量，避免干扰周围生活环境。对于违反规定的，由公安部门给予警告，警告后不改正的，处 200 元以上 500 元以下罚款。2020 年为规范公园内游园行为，北京市连续三年在全市开展文明游园整治行动，并于 2020 年颁布《北京市文明游园整治行动实施方案》。方案中将噪声扰民（使用高音量音响唱歌跳舞）列为了日常公园不文明游园行为清单。通过倡导文明游园理念，联合发布"文明游园倡议书"，宣传"公园游客守则"；加强游园陋习监管，动员社会力量共同维护游园秩序；依托综合执法，查处不文明游园突出行为等手段，努力形成公园景区文明良好、积极向上的游园氛围，努力为人民群众打造踏青赏花、避暑纳凉、休憩健身、亲近自然的绿色宁静的公共场所。

上海市在《上海市社会生活噪声污染防治办法》第七条规定，每日 22 时至次日 6 时，在毗邻噪声敏感建筑物的公园、公共绿地、广场、道路（含未在物业管理区域内的街巷、里弄）等公共场所不得开展使用乐器或者音响器材的健身、娱乐等活动，干扰他人正常生活。针对矛盾突出的公园、公共绿地、广场、道路等公共场所，上海市还规定了详细噪声控制要求。《上海市社会生活噪声污染防治办法》第八条规定：对于健身、娱乐等活动噪声矛盾突出的公园，公园管理者可以会同乡（镇）人民政府或者街道办事处，在区（县）环保、公安等相关管理部门的指导下，组织健身、娱乐等活动的组织者、参与者以及受影响者制定公园噪声控制规约；通过合理划分活动区域、错开活动时段、限定噪声排放值等方式，避免干扰周围生活环境。必要时，公园管理者可以依法调整园内布局，设置声屏障、噪声监测仪等设施。对于健身、娱乐等活动噪声矛盾突出的公共绿地、广场、道路等特定公共场所，所在地乡（镇）人民政府、街道办事处可以在区（县）环保、公安等相关管理部门的指导下，组织健身、娱乐等活动的组织者、参与者以及受影响者制定噪声控制规约，合理限定活动范围、活动规模、噪声排放值等。健身、娱乐等活动的组织者、参与者应当遵守相关噪声控制规约的要求。违反噪声控制要求的，公安机关可以作为认定是否干扰他人正常生活的依据之一。

此外，为了培育和践行社会主义核心价值观，治理不文明行为，提升社会文明程度，建设文明幸福的现代化城市，很多省市颁布了"文明行为促进"相关的法规规章，规定在公共场所进行体育健身、唱歌跳舞等文体娱乐活动，应当符合环境噪声管理有关规定，合理使用场地及设施设备，防止影响他人正常学习、工作和生活。

（二）加大宣传力度

具有噪声监管职责的相关部门、街道、物业等应开展公园、广场文体娱乐活动产生的噪声污染防治相关宣传教育活动，通过发放宣传资料、布设专题展览、播放宣传音视频材料等多种方式，广泛宣传噪声危害、噪声预防和治理相关知识，以及噪声扰民相关法律法规、违法案例等。

柳州市通过在文体娱乐活动集中的公共区域张贴并设置文明健康娱乐活动宣传画，积极引导居民文明健康跳舞，打造宁静和谐人居环境。

青岛市墨河公园管理处通过在公园各个区域内设置公示栏（1 处）、宣传标语（5 处）、LED 显示屏（1 处）等多种方式广泛宣传噪声管控公告，引导群众遵守相关规定，营造了"低分贝公园"的良好氛围。

北京市延庆区妫川广场管理处在广场的七个入口及广场中心明显处，张贴 10 余张通告，告知所有在广场进行文体娱乐活动的组织及个人，减小音量。夜间值班人员对音量较大的 30 余个活动组织，进行了告知并发放《北京市环境噪声污染防治办法》200 余份，进行解释、说明。

广州市流花湖公园管理处组织管理人员学习噪声限值标准，通过自行编导三句半《文明规则齐遵守》在公开文艺汇演活动中表演进行"互动式"宣传，同时通过派发《流花湖公园文明游园手册》，张贴宣传海报，录制广播循环播放等手段，向游客传播文明有序的游园理念。

商洛市商州公安分局在城区各中心广场、商洛市丹江公园、四办两镇社区张贴《商州区人民政府关于对城区环境噪声实施综合整治的通告》100 余份，积极营造社会各界参与支持噪声污染防治工作的浓厚氛围。

南昌市、上饶市通过向参加文体娱乐活动的人员宣传有关噪声危害、噪声污染的法律法规知识，印发宣传手册、设立提示牌等手段，达到宣传教育的目的。

湖州市公安部门利用微信等新媒体平台推送等方式，围绕噪声相关法律法规开展宣传，提醒社会公众了解噪声危害及法律规定的处罚措施，营造整治浓厚氛围。

天津市和十堰市的公安部门通过在社区公园内张贴宣传公告，告知社团广场舞、交谊舞的活动范围，活动时间等规定，使在园内活动的人员明确行为规范。

（三）加强协调配合

解决公园、广场的文体娱乐噪声扰民问题，需要行政监管部门的协调配合，需要发挥街道办事处、乡（镇）人民政府、公园、广场管理等部门的作用，需要广大组织、参与文体娱乐活动的人民群众的理解和支持。本书收录的 19 个案例，虽然由不同的行政监督管理部门牵头组织协调，但是组织协调的部门涉及了公园、广场所在地的地区/县人民政府、公安管理部门、城市综合管理执法部门、生态环境部门、园林管理部门、街道办事处等。其中每个案例的牵头进行组织协调部门基本情况如下：

南昌市西湖区抚河公园、柳州市金沙角观瀑广场、商洛市丹江公园由公园所在地区政府牵头组织；上饶市万年桥下广场、十堰市六堰人民广场、广州市同德文化广场、天津市桂江公园、湖州市项王公园、深圳市盐田区海滨栈道广场、青岛市墨河公园等由公安管理部门牵头组织；天津市河西区文化中心、苏州市苏州公园、北京市延庆区妫川广场、山东省淄博市人民公园、广州市流花湖公园等由公园、广场的管理部门（包括：文化中心区域办公室、园林绿化管理部门、广场管理处、公园城市服务中心等部门）牵头组织；衡水市体育休闲广场、由城市综合管理执法部门牵头组织；上海市闵行区古美路街道公园由街道办事处牵头组织；北京市海淀区双榆树公园、绍兴市越城区社区广场由生态环境管理部门牵头组织。

（四）引导群众自治

在公园、广场等公共场所内进行文体娱乐活动的团队和组织，基本上是人民群众自发组织和自愿参加的，为降低公共场所内的文体娱乐活动噪声，仅靠行政主管部门的监管并不能起到良好的效果，应充分调动和激发人民群众的参与性，引导并推动群众自我管理和约束，形成政府部门与人民群众协调共治的新格局。

政府部门与人民群众协调共治

天津市桂江公园所属地区公安管理部门通过发动群众力量，阻断问题源头。向进行娱乐活动的老年人和临近居民双方发放了噪声监测仪，根据《声环境质量标准》（GB 3096—2008）规定的 2 类声环境功能区昼间的声环境标准限值要求，以 60 dB（A）作为桂江公园边界的昼间噪声控制标准，发动群众进行自我监督和互相监督，如有超标情况可随时与属地派出所联系，有效地遏制了噪声扰民问题的源头。

苏州市苏州公园通过建立健全公安、城管、公众多方参与机制，充分激发市民的参与性和积极性，在社区招募成立一支以退休人员为主体、以党员为骨干的"噪声管家"志愿者，协助公园管理方引导和劝阻、教育噪声扰民行为，实现"人民公园人民管"的共治共享新局面。

绍兴市越城区、秦望社区和树鹅王社区通过设置支持"降噪大行动"公益签名墙，号召居民积极参与和响应降低噪声的行动，从自我做起，形成群策群力，共同营造宁静的生活、娱乐环境。

北京市妫河广场管理处与广场内进行广场舞、唱歌、扭秧歌、踩高跷、健身操等活动的组织者签订公约，对活动时间、地点划定和音量控制等方面做出规范，引导其提升公德意识和自控能力。

广州市同德文化广场组建噪声工作专班，与周边居民、广场舞活动团体代表共同制定了同德文化广场团体文明活动公约，并组织与广场舞活动团体负责人及骨干成员签订公约，鼓励群众共同建设健康、和谐、文明、进步的广场活动氛围。

衡水市城市管理综合行政执法局广场管理中心与在广场内健

身的团队负责人签订了《健身团队自律承诺书》，要求音响音量不得高于 60 dB（A），不得产生刺耳噪声，影响周边居民生活。做到了精准管理，有效遏制噪声扰民。

上海古美路街道组建噪声自治志愿者服务团队，志愿者除了街道办事处工作人员、居委会工作人员，还包括广场舞爱好者。每个广场舞队伍都组建了一个由组长、副组长、音响播放人员组成的小组，该小组即是其队伍的自治管理小组，也是噪声自治志愿者服务小队，引导广场舞活动举办得越来越规范。

十堰市人民广场噪声治理案例中充分发动人民群众的力量，组建广场红袖标义务巡逻队对文娱团队进行劝导。巡逻队的大部分人员为人民广场周边的居民、热心市民、社区干部等，其对人民广场易产生噪声扰民的地方更清楚，提升了工作精准性，使大部分噪声扰民问题在红袖标义务巡逻队层面得到解决。

（五）利用技术创新

随着科学技术的不断进步，治理公园、广场文体娱乐活动噪声的科技手段也不断推陈出新，从采用噪声自动监测及显示屏进行噪声监测和预警，到采用定向技术的"智慧音响"、接收指定频段音响的耳机等新技术的应用，都推动和解决了公园、广场文体娱乐活动噪声扰民问题。

北京市双榆树公园、天津市文化中心、十堰市人民广场、广州市同德文化广场及流花湖公园、深圳市盐田区公园、广场、柳州市金沙角区域、淄博市人民公园等案例中，采用了安装噪声自动监测并实时显示系统，用显示屏闪烁或景观灯变色等多种方式，提示在公园、广场内从事文体娱乐活动的人群降低音响设备、健身娱乐的声音，从而达到源头降噪的目的。

苏州市苏州公园、上海市古美人口文化公园安装"智慧音响"系统，该系统集成了定向声技术，可实现设备发出的声音被集中在固定区域传播，设备正前方 30 度夹角内音量达正常广场舞需求，音量两侧随角度扩大快速递减至 30～40 dB（A），且不破坏音质，有效解决文体娱乐活动引发的各种噪声扰民难题。

绍兴市社区广场案例中，由生态环境部门指导绍兴市生态文明促进会为每支广场舞团队配备一台无线信号发射器和若干副无线耳机。每台无线信号发射器调频后通过音频插孔和一部手机连接播放，再把若干副无线耳机调至同一频道即可。每台无线信号发射器只要在各自设定的频道可同时使用多副无线耳机，不限耳机数量，覆盖信号范围最远可达 500 米，开启了"无声广场舞"的新模式。

（六）划定区域功能

文体娱乐活动噪声扰民投诉集中的公园、广场周边区域多以居民住宅为主，且产生噪声扰民的区域多数距离居民住宅较近。为了预防和治理公园、广场内与居民住宅较近区域的文体娱乐活动的噪声扰民问题，从公园、广场布局上合理划定和改变区域功能，可以从源头根本解决噪声扰民问题。

广州市流花湖公园为兼顾噪声管理和满足游客娱乐需要，设置娱乐活动区域，将广场舞、唱歌等开展娱乐活动人群引导至规定区域，避免噪声扰民。

衡水市体育休闲广场通过改变广场地面——更换光滑的大理石地面为火烧面芝麻花岗岩地砖，改变了该区域的使用功能，良好地解决了甩鞭子、打陀螺活动引起的噪声扰民问题。

(七) 开展执法处罚

《噪声法》《治安管理处罚法》及地方相关法律法规中，规定在街道、广场、公园等公共场所组织跳舞、健身、唱歌等文体娱乐活动时，产生噪声干扰周围生活的相关行为，可由相关部门进行警告或处罚。

南昌市抚河公园徒步健身队伍噪声扰民整治案例中，南昌市西湖区城管部门对徒步大队下达了《责令整改通知书》，暂扣了音响设备，并对使用音响扰民的团队负责人处以罚款，收获了良好的整治效果。

广州市同德文化广场的跳舞、唱歌、直播活动等文体娱乐活动噪声扰民治理案例中，同德派出所依照《治安管理处罚法》《广东省实施〈中华人民共和国环境噪声污染防治法〉办法》，行政处罚广场内的噪声违法行为 6 宗，有效遏制住文体娱乐活动团体中"法不责众"思想的蔓延，为下一步同德文化广场的噪声综合治理工作打下良好的基础。

湖州市项王公园噪声扰民案例中，由公安管理部门组建噪声巡逻防控小分队，开展使用大功率音响唱歌者、跳舞爱好者、夜市高音喇叭叫卖商贩等群体的劝导教育工作。工作开展以来，妥善制止项王公园多处广场舞、露天流动卡拉 OK 等产生噪声扰民行为的人员 21 批 109 人次，签订《整改承诺书》75 份，并对多次劝阻无效的相关人员运行了处罚。

(八) 明确噪声限值

为了便于对公园、广场内的文体娱乐活动产生噪声扰民的界定，一些城市负有噪声监管职责的部门对于产生该类噪声的音响等设备规定了限值，便于执法人员、公园、广场管理人员、文体活动参与人员，依据噪声限值管理要求合理合法地使用产生噪声的音响设备。

广州市同德广场管理处规定的《同德街文化广场管理规定》中提出：在广场内开展较大的健身、娱乐活动时，如需使用扩音设备的，应遵守广州市对噪声的有关规定，白天不得超过 65 dB（A），夜间不得超过 55 dB（A）。

十堰市人民广场所在地的区公安分局规定各娱乐群体在划定区域内开展文化娱乐活动时，划定区域边界处的噪声应执行《社会生活环境噪声排放标准》（GB 22337—2008）中 4 类声环境功能区限值，即昼间 70 dB（A）、夜间 55 dB（A）。

衡水市体育休闲广场管理中心与在广场内健身的团队负责人签订了《健身团队自律承诺书》，要求健身团队使用的音响音量不得高于 60 dB（A），不得产生刺耳噪声，影响周边居民生活。

天津市桂江公园属地派出所工作人员参照《声环境质量标准》（GB 3096—2008）规定的 2 类声环境功能区的限值要求，规定 60 dB（A）作为桂江公园花园边界的昼间噪声控制标准。

上海市闵行区古美街道办事处在考虑多方意见并进行事实调研后，规定广场舞音响音量应控制在 65 dB（A）以内。

上饶市万年县根据《声环境质量标准》（GB 3096—2008）的规定的 2 类声环境功能区限值要求，确定建德大桥下广场舞的噪声执行昼间 60 dB（A），夜间 50 dB（A）的标准。

淄博市人民公园实行"一个标准"原则，即无论大小音箱在园内的播放音量全部控制在 70 dB（A）以下，对私自提高音量而不听劝阻三次以上者，谢绝入园活动直至改正。

深圳市盐田区设置公园广场噪声监测显示屏，当监测噪声级昼间超过 60 dB（A）、夜间超过 50 dB（A）时，亮红灯警示。

第二章　广场噪声防治

案例一　智慧景观灯实现监管协同一体化
——天津市河西区文化中心噪声扰民整治启示

一、背景情况

天津文化中心是位于天津市河西区的市级行政文化中心，是天津市规模最大的公共文化设施，同时也是全国规模最大的文化休闲中心。总占地面积约 90 万平方米，集公益文化场所、城市公园、市民休闲中心、青少年活动场所为一体，是文化展示、交流、休闲、消费最集中的区域，广场舞、旱冰队、滑板群等文体娱乐团队经常在此活动。但文化中心场地开阔，仅通过管理者巡逻监管或群众举报等方式进行室外公共场所的声环境监督管理收效甚微。

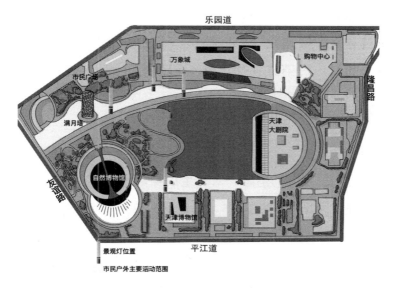

天津文化中心智慧噪声在线监测景观灯点位示意图

二、主要举措

（一）制定噪声污染防治依据

《天津市城市环境噪声专项整治工作方案》（津环保土〔2017〕175号）要求"各区政府是环境噪声专项整治工作的责任主体，要认真组织实施辖区环境噪声专项整治工作，建立完善噪声专项整治协调联动机制，及时、快速、高效处理各类噪声举报投诉事件"。《天津市文明行为促进条例》要求"在公共场所进行健身、歌舞等文体娱乐活动，应当符合环境噪声管理有关规定，合理使用场地及设施设备，防止影响他人正常学习、工作和生活。"为了更好的践行天津市关于对公共场所噪声污染防治的各项规定，加强对辖区内各种噪声污染及违法行为的管控和治理，实现科学防治、精准施策、快速响应，河西区文化中心区域办公室建立了一套强有力的噪声污染监管及防控体系来满足实际工作的需要。

（二）设置噪声污染监测系统

噪声在线监测系统通过合理选取布置监测点位，强化广场舞等行为在时间和空间上的追踪，对发生的噪声污染事件进行归档分类，掌握其在特定区域的发生频率，确定噪声在线监测的热点区域。根据文化中心的特点，噪声在线监控系统共安装 5 套广场固定式噪声在线监控设备和 1 套移动式车载噪声监控设备，同时部署了噪声大数据监控软件平台，主要涵盖天津大剧院、天津万象城、满月塔、市民广场、天津博物馆等五个噪声监测区域，采取固定和移动相结合的方式实现了文化中心内文体娱乐活动范围的全方位覆盖。

景观灯柱颜色与声级范围

　　该噪声在线监控系统能实时监测现场噪声的污染情况，并根据广场周围噪声的高低，使景观灯柱显示不同的颜色。景观灯柱的颜色一共分为三档，声级在 60 dB（A）以下时，灯柱显示为绿色，表示广场的噪声排放值处在允许的范围内；声级为 60～70 dB（A）之间时，灯柱显示为橙色，表示广场的噪声排放值对周围环境产生了一定影响；声级大于 70 dB（A）时，灯柱显示为红色，表示广场的噪声排放值已经严重破坏周围声环境质量，极有可能对周边市民的正常生活造成严重影响，此时广场的娱乐活动团体应降低噪声排放。通过将噪声监测与景观灯结合，与周边景观融为一体，实现了监测点位的美化，提高了广场噪声监管工作的亲和力，降低了公众的抵触心理。

　　同时噪声在线监控系统通过 4G/5G 无线网络采集现场数据并实时上传至监控中心，为监管和执法部门提供规范化、标准化的数据基础和有效依据。

移动式噪声监测车

（三）明确部门分工

文化中心区域办公室是文化中心噪声监测设备的责任主体，负责噪声超标的现场处理及负责委托专业设备公司进行噪声监控设备的维护，确保景观灯柱等设施正常运转；公安部门负责处罚噪声违法行为，并对文化中心区域管理部门的日常声环境管理进行监督；生态环境部门负责噪声管理的指导和监督。

三、体会与思考

文化中心噪声污染防控及监管工作中存在的难点主要有：

（一）数据监测质量应保障准确

景观灯显示的灯光颜色与该点位声环境质量情况相关，监测系统显示颜色准确性直接关系到在线监测系统的有效性和群众对自身行为的约束程度，应保障监测数据准确，需要有人时常监督管理。噪声在线监测系统实际运行中，应做好现场设备各项运维工作。

（二）群众意识不够，监督管理困难

文化中心规模和面积较大，吸引来此休闲娱乐的群众较多。仅通过管理者巡逻监管或群众举报等方式进行声环境管理收效甚微。群众普遍认为在广场等开阔场地活动是自己的权利，对于产生的噪声问题缺少行为约束的自觉性。公共场所社会生活噪声污染防治法规普及和宣传不够，群众对于噪声的危害性和侵犯他人环境权利的行为缺乏认识，群众组织文体娱乐活动与声环境监督管理要求存在一定的不协调性，对引起噪声的行为进行劝阻易使群众产生抵触心理。监管部门在管理上缺少灵活机动性，对于噪声问题的联动机制不完善。群众公共空间自律意识缺失，提升群众自觉维护声环境的意识是重点，否则噪声治理容易形成治标不治本的情况。

文化中心通过公众参与和执法形式的多样性，吸引公众融入并接受噪声污染防控工作，采用罚款结合教育、疏导、信用体系建设等多种方式，让公众切实意识到噪声污染的危害和不文明行为之间的联系，进而改变不文明行为，最终达到噪声污染防治的目标。实现了在噪声污染防控上的监测、监督、监管协同一体化。通过景观灯这种公众喜闻乐见的方式，提高了公众的参与度，让公众对于噪声污染有了更加深刻的认识，降低了执法的门槛和难度，提高了广场噪声污染防治的可操作性。公众意识到噪声污染的危害性，进而实现从执法的强制管控到公众自觉遵守法律法规的过渡。噪声污染的改善，形成了令群众满意的公共活动环境，践行了社会主义核心价值观，提升了社会文明程度。

作者信息：宋欣爽（天津市生态环境监测中心）

案例二　讲法制、立规矩 营造和谐游园环境

——北京市延庆区妫川广场噪声扰民整治启示

一、背景情况

北京市延庆区妫川广场是延庆城区中心大型绿地广场,自1998 年建成后,就一直是延庆市民集体活动的主要场地。2018年妫川广场改造完成后,更是成为了延庆市民最主要的休闲娱乐场地,也是夜间延庆区人员活动最密集的场所。改造后的妫川广场面积为 6.3 万平方米,其中绿地面积 3.3 万平方米,硬化铺装面积 3 万平方米。

妫川广场及周边区域

随着人们生活水平的提高，对娱乐活动的需求也日益增加。妫川广场作为延庆市民娱乐的主要场所，每天都有大量游客在广场进行跳舞、唱歌、广播操等活动。音响声、锣鼓声震耳欲聋，给附近居民带来困扰。尤其是夜间游客众多，噪声过大，严重影响周边居民休息。

为解决噪声扰民问题，延庆区园林管理中心责成妫川广场管理处对广场噪声问题进行调研，并制定整改方案，对游客自发组织的跳舞、唱歌、广播操等活动产生的噪声问题进行有针对性地治理。经过妫川广场持续治理，广场内文体娱乐活动噪声扰民现象已经有效缓解。

二、时间历程

2018 年 7 月，妫川广场经改造完成重新开放，游客数量激增。市民自发组织的跳舞、唱歌、广播操等活动噪声扰民情况严重。

2018 年 7 月 31 日起，延庆区园林管理中心收到北京市"12345"市民热线服务中心电话登记单，内容为：妫川广场周边居民信访投诉广场内娱乐活动噪声扰民。

2018 年 8 月 2 日，妫川广场管理处组织人员进行调查，摸清基本情况。同时，妫川广场工作人员对活动音量大的文体娱乐团体进行解释、说明、劝阻。劝离了高跷活动组织等部分团体，使噪声问题得到一定的缓解。

2019 年 6 月起，妫川广场加大环境噪声污染整治工作力度，在入口及广场中心明显处张贴通告，告知所有在广场进行娱乐活动的组织及个人，减小音量。此外增加巡查人员和巡查频次。

2020年4月下旬，为规范公园内游园行为，北京市连续第三年在全市开展文明游园整治行动。北京市园林绿化局、首都精神文明建设委员会办公室、北京市公安局、北京市文化和旅游局、北京市水务局、北京市城市管理综合行政执法局联合印发了《北京市文明游园整治行动实施方案》。

《北京市文明游园整治行动实施方案》

(2020—2022)

（一）向社会公布不文明游园行为清单。

（二）倡导文明游园理念。联合发布"文明游园倡议书"，宣传"公园游客守则"。

（三）加强游园陋习监管，动员社会力量共同维护游园秩序。依托市、区有关部门、属地政府，广泛动员社会力量，参与公园不文明游园行为管控和游园秩序维护工作，实现共建共治共享。

（四）依托综合执法，查处不文明游园突出行为。各部门根据权力清单，按照《森林法》《北京市公园条例》《国家旅游局关于旅游不文明行为记录管理暂行办法》《北京市旅游不文明行为记录暂行办法》等相关法律法规，依法查处。

（五）及时处置舆情。公园管理机构要加强公众反映的不文明游园行为的舆情处理，提高不文明游园行为接诉即办服务水平。

北京市文明游园整治行动实施方案

2020 年 4 月底，妫川广场管理处结合北京市文明游园整治行动，对在广场内举行的娱乐活动进行了整治，缓解噪声对周边居民的影响，整治行动取得了一定的成效。

三、主要举措

（一）制定法规文件依据

1.《北京市文明游园整治行动实施方案》（以下简称"实施方案"）

实施方案的指导思想为"以习近平生态文明思想武装头脑，指导实践，推动工作，认真贯彻落实党的十九大精神，坚持'以人民为中心'的发展思想，紧紧围绕市民、游客需求，进一步聚焦公园景区中公众关注、关切的问题，开展不文明游园行为专项整治行动，全面提升公园管理水平和为民服务水平，不断满足人民群众对公园优美环境、优良秩序、优质服务、优秀文化的新需求、新期待"。

实施方案内容从以下五个方面进行了规定：

（1）向社会公布不文明游园行为清单。

（2）倡导文明游园理念。联合发布"文明游园倡议书"，宣传"公园游客守则"。

（3）加强游园陋习监管，动员社会力量共同维护游园秩序。依托市、区有关部门、属地政府，广泛动员社会力量，参与公园不文明游园行为管控和游园秩序维护工作，实现共建共治共享。

（4）依托综合执法，查处不文明游园突出行为。各部门根据权力清单，按照《森林法》《北京市公园条例》《国家旅游局关于旅游不文明行为记录管理暂行办法》《北京市旅游不文明行为记录暂行办法》等相关法律法规，依法查处。

（5）及时处置舆情。公园管理机构要加强公众反映的不文明游园行为的舆情处理，提高不文明游园行为接诉即办服务水平。

2.《北京市文明行为促进条例》

（1）第二十八条　在公共场所秩序方面，重点治理下列不文明行为中第二款。

在街道、广场、公园等公共场所娱乐、健身时使用音响设备产生噪声，干扰周围生活环境。

（2）第三十四条　在公共场所或者公共交通工具内实施不文明行为的，经营管理单位有权劝阻、制止；不听劝阻或者制止无效的，可以拒绝提供服务或者将其劝离，并可以视情况不退还或者部分退还已经支付的费用。

（3）第四十八条　鼓励公共场所经营管理单位通过楼宇电视、显示屏、宣传栏等，开展文明行为宣传引导。

（二）细化部门分工

区园林绿化局负责总体协调，制定本区域行动方案；区文明办负责宣传文明游园规范，协调文明引导员加入文明游园行动中；区公安局负责调度所属单位加入到文明游园行动中，负责公园入口区域及园内治安秩序维护；区城管执法局负责指导属地城管综合执法部门，加强与园林绿化部门和各公园管理机构的协作配合，围绕文明游园专项整治工作，积极入园执法，对游客游园中突出不文明违法行为依法进行查处。妫川广场管理处是园林中心所属事业单位，负责对广场进行日常管理，维护广场正常游览秩序。

（三）做好法规和管理规定宣传

2019 年 6 月起，妫川广场管理处在广场七个入口及广场中心明显处，张贴 10 余张通告，告知所有在广场进行娱乐活动的组织及个人，减小音量。妫川广场管理处要求夜间值班人员进一步对音量较大的 30 余个活动组织进行了现场告知，并发放《北京市环境噪声污染防治办法》200 余份进行解释、说明。在晚间 9 点，要求在广场进行文体娱乐活动的团体关闭音响，退出广场。

广场管理处工作人员讲解《北京市环境噪声污染防治办法》

（四）加强群众沟通及管理巡视

目前，白天经过管理人员管控，大部分游客表示理解，取得了良好的效果；晚上 21 点管理人员开始静音工作，此项工作正在进行中。

管理人员与活动组织者就广场噪声问题订立公约，对其活动时间、地点划定和音量控制等方面做出规范，引导其提升公德意识和自控能力。

对于不服从管理、不听劝阻、恣意扰民者，联合相关部门严格依法查处，决不姑息迁就。依据《北京市环境噪声污染防治办法》规定，妫川广场工作人员可拨打报警电话，由公安部门给予警告，警告后不改正的，处 200 元以上，500 元以下罚款。截至目前，因噪声扰民产生的冲突，经警察调解后，都已顺利解决。

四、体会与思考

妫川广场噪声扰民事件不是个例，类似问题时有发生。公园、广场在处理噪声问题时手段有限，只能进行说服劝阻，管理难度大且效果有限，需执法单位配合才能有效控制。在处理广场噪声问题的过程中，妫川广场管理处主要依据为《北京市环境噪声污染防治办法》第二十九条"在街道、广场、公园等公共场所组织娱乐、集会等活动，使用家用电器、乐器及其他音响器材的，应当控制音量，避免干扰周围生活环境"，对广场内娱乐活动进行管理。

在实际工作中，广场管理人员首先会和游客进行沟通，取得理解。然后与活动组织者订立公约，明确活动时间与方式，减少噪声污染，同时也满足游客需求。对于部分零散游客的噪声扰民行为进行管理，主要采取巡查劝阻的方式进行。对于产生噪声污染问题严重且不听劝阻的娱乐活动及其他行为，根据北京市相关规定，拨打报警电话，由公安部门给予警告，经警察调解后，都已顺利解决。

市民对公园、广场等供休闲娱乐的场所需求强烈，同时也应满足居民对宁静生活的需求。建议地方人民政府或相关部门，合理规划公园、广场分布区域，增加公园、广场等活动场所的面积和数量，使居民活动区域相对分散，使居民有地可玩，娱乐的同时不影响他人。同时建议负责公园、广场等公共场所娱乐、集会等活动噪声的行政监管和执法部门，出台相应的监管和执法政策，对文体娱乐噪声加以规范和管理。

作者信息　梁卫民（北京市延庆区园林管理中心）

　　　　　　赵　娜（北京市延庆区园林管理中心）

　　　　　　黄宗辉（北京市延庆区园林管理中心）

案例三 调整区域功能 解决噪声扰民问题
——河北省衡水市体育休闲广场噪声扰民整治启示

一、背景情况

河北省衡水市体育休闲广场位于城市中心区域,它是集休闲娱乐、体育锻炼、文化表演为一体的综合性公共活动场所,是广大市民休闲娱乐的主要聚集地。广场规划总占地面积8.6万平方米,单日最高接待量约20 000人次。

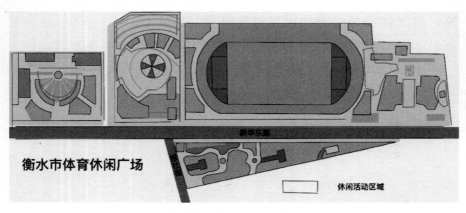

衡水市体育休闲广场及周边区域

2019年1月至2020年10月,经常有居民通过《人民网》省长留言、"12345"市长热线、城管便民热线等反映体育休闲广场上甩鞭子、打陀螺、跳广场舞等文体娱乐活动噪声扰民,特别是甩鞭子、打陀螺的噪声扰民问题更为严重,这两年噪声扰民类投诉就达 23 次，占该广场全部投诉量的 41%，严重影响周边居民休息。

二、治理过程

2019 年 3 月开始，衡水市城市管理综合行政执法局广场管理中心（以下简称"广场管理中心"）联合辖区派出所、城市管理综合执法支队（以下简称"综合执法支队"）启动对噪声扰民问题的专项整治行动。

2019 年 4 月至 6 月，开展文体娱乐团队摸底调查，明确了团队负责人、团队人数等基本信息，定好规矩，做好引导，通过自律自觉减轻噪声扰民。

2019 年 7 月开始，加强禁止甩鞭子、打陀螺的宣传。在甩鞭子、打陀螺集中区域内设置禁止在甩鞭子、打陀螺的警示牌，在广场宣传电子屏上滚动播放禁止在广场甩鞭子、打陀螺的宣传标语。

2019 年 9 月，在市政府修订《衡水市市区广场游园管理规定》时，建议将广场内禁止打陀螺、甩鞭子等噪声扰民行为纳入管理规定，增强法律依据。修订后的《衡水市市区广场游园管理规定》于 2019 年 12 月 26 日开始实施。

2020 年 10 月底，为进一步加强对打陀螺、甩鞭子的噪声扰民行为的管控，调整广场区域功能，完成了部分区域的地面维修改造及更换工作。

2020 年 11 月起，开展常态化巡查，坚持日常巡查和错时巡查相结合，做到管理不间断，巡查全覆盖，打消活动人员"打游击"的念头。

三、主要举措

(一) 开展专项整治和常态化巡查

广场管理中心与辖区派出所、综合执法支队开展广场噪声扰民的专项整治和联合执法活动。通过专项整治活动,对广场内产生噪声扰民行为的文体娱乐等团队进行了调查摸底,共统计广场内有文体娱乐团队 25 个。通过掌握广场舞健身团队信息,签订承诺书,协商音响音量限值,做到了对文体娱乐团队的精准管理。针对甩鞭子、打陀螺噪声扰民问题,鉴于该运动在人员密集区不仅存在噪声扰民还存在一定的安全风险,向甩鞭子、打陀螺人员发放了《关于禁止在广场甩鞭子、打陀螺的告知函》。

专项整治活动后,为了防止广场内广场舞、甩鞭子、打陀螺等噪声扰民现出现反复,广场管理中心制定了日常巡查和错时巡查相结合的常态化巡查方案,将广场舞、甩鞭子、打陀螺的集中区域列为重点看管部位,一经发现噪声扰民行为,立即制止,做到管理不间断,巡查全覆盖,彻底打消活动人员与广场管理者和执法人员"打游击"的念头。

(二) 调整区域功能减少噪声污染

为了彻底消除广场内甩鞭子、打陀螺的噪声扰民现象,广场管理中心对广场打陀螺集中区域的大理石地面维修改造,将光滑的大理石地面更换为粗糙的火烧面芝麻灰花岗岩石材地面。一方面,解决了广场大理石地面雨雪天气路滑,易造成滑倒摔伤的安全隐患，另一方面，粗糙的花岗岩石材地面不利于打陀螺活动的开展，使甩鞭子、打陀螺活动失去有效载体。改造完成后，甩鞭子、打陀螺等人员基本消失，基本消除了由此引发的噪声扰民问题。

地面维修改造

（三）加大宣传力度引导居民自律

在广场上开展宣传教育，普及《噪声法》和《治安管理处罚法》中关于社会生活噪声扰民的行为及处罚规定，讲解甩鞭子、打陀螺、跳广场舞等文体娱乐活动产生的噪声对周边居民工作和生活的干扰，得到健身活动参与人员的理解和配合，引导文明健身。

对广场公园内易产生噪声的团队活动实行备案制度，与文体娱乐团队负责人签订了《健身团队自律承诺书》，协商确定广场舞音响音量不得高于 60 dB（A）。健身团队自觉遵守承诺，不产生刺耳噪声，影响周边居民的正常生活和休息。

（四）完善法律依据

2019 年衡水市政府修订了《衡水市市区广场游园管理规定》。主要规定如下：

第五条 市区各广场游园按照谁建设、谁管理的原则进行广场游园的管理和日常维护。衡水市城市管理综合行政执法局下属的广场游园管理单位，受市城市管理综合行政执法局委托负责广场游园的具体管理工作。公安、住房城乡建设、自然资源和规划、生态环境、市场监督管理等有关部门按照各自职责，做好广场游园的管理工作。

第十五条 广场游园内其他禁止的行为：

（一）露宿、乞讨；

（二）在广场区域内溜滑旱冰；

（三）打陀螺、甩鞭子等影响其他市民正常休息、娱乐、安全的健身娱乐活动。

第十六条 在广场公园内开展跳广场舞、健身操、唱歌（戏）、健步走以及操作乐器等易产生噪音污染的活动，应遵守以下规定：

（一）每个健身团队应当指定责任人，负责在广场管理单位登记健身团队详细信息，维护好整个团队健身活动的秩序。

（二）活动时间严格控制在 6：30—11：00 和 15：00—21：00，所产生的噪声不得超过区域环境噪声排放标准。经依法批准开展的大型公益活动除外。

（三）人民广场不得使用大小音箱设备，提倡使用蓝牙耳机、蓝牙耳麦等设备。

第十九条　在广场游园内开展经营性活动必须报经市城市管理部门批准，并实行定点经营，不得擅自改变经营地点和超越经营范围。

广场游园内严禁从事射击、露天卡拉 OK 和烧烤等经营项目。

四、体会与思考

随着全民健身工作的深入开展，休闲健身方式呈现多样化，噪声污染治理形势依然严峻，防治工作常抓不懈。

一是明确健身团队组织者。对广场公园内易产生噪声的团队活动实行备案制度，明确团队负责人，定好规矩，做好引导。

二是明确噪声管理主体责任单位。应成立噪声整治领导小组，由《噪声法》中规定的管理部门牵头，组织相关部门共同参与。牵头部门按照《噪声法》的有关规定，加强对社会生活噪声方面的管理和执法；公共场所管理者加强日常属地管理，对音量超标的及时制止。

三是加强宣传，营造氛围。城市噪声污染已经成为城市公害，源多面广，治理工作需要广大群众的共同参与。具体噪声监管职能的有关主管部门，应通过曝光噪声扰民相关案例，大力宣传相关法律规定。要有针对性地深入居民区、商业区、娱乐场所以及学校、医院周边开展宣传教育，争取群众支持，自觉降低、减少噪声。

作者信息：卢冬生（衡水市城市管理综合行政执法局广场管理中心）

案例四 "政群共治"刚柔并济化解群众矛盾

——广东省广州市同德文化广场噪声扰民整治启示

一、背景情况

同德文化广场是广州市城区商住混合区内的开放性广场，位于广州市白云区人流较为密集的市区，周边居民楼、企事业单位、学校、商业广场等较为集中，是同德街道市民休闲自娱的主要聚集地。该广场占地面积约 0.4 万平方米，单日人流量约 3 000 到 5 000 人次，日常在广场内开展广场舞、歌唱、直播活动的团队约 10 余个，参与人员约 500 人，社会生活噪声扰民情况突出，导致周边群众多次投诉。该广场东南北三面居民楼环绕，西面为市政道路，部分居民楼距广场最短距离仅 10 米，广场上产生的噪声声波极易在居民楼墙壁上反射，从而叠加共振形成二次噪声污染。西面道路车流产生的交通噪声，广场上居民开展娱乐活动产生的生活噪声，加上居民楼楼下沿街商铺、小贩的叫卖声等生活噪声严重影响了周边中小学校、幼儿园、机关企事业单位、社区居民的正常教学、工作和生活。

同德文化广场的社会生活噪声问题，在全市众多广场中既具有一定的普遍性，又具有其特殊性。普遍性在于广州市为进一步提升市民的幸福感、获得感，通过新建、改建、微改造等方式，在老城区、居民区、城市道路两侧开放区域增加了许多各具特色的公园、广场等公共活动场地，极大改善了城市人居环境，受到广大市民的喜爱。市民在场地开展唱歌、跳舞等团体活动，但活动产生的社会生活噪声扰民问题也逐步突显。特殊性在于同德文化广场的空间布局、人流和车流密度等因素，使得噪声问题更加复杂。

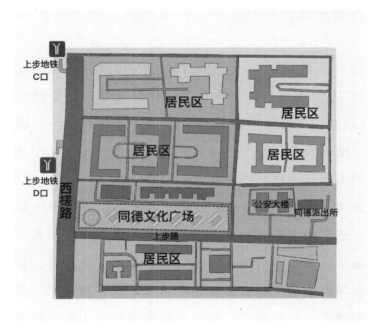

同德文化广场及周边区域

二、时间历程

2020年3月至9月，市民多次通过"12345"平台、"110"报警中心等渠道向政府部门反映同德文化广场的广场舞噪声扰民问题。同德文化广场极大满足了周边群众文化生活需求，但广场舞噪声扰民情况也同时凸显。公安机关在处理噪声扰民案件时，一般以教育或者调解为主，但在劝导、处置过程中，有些市民不理解、不配合，认为唱歌跳舞是他们的正当权利，加上"法不责众"思想的影响，往往出现民警在场劝导的时候将音响音量调小，民警离开去其他地方巡逻后又将音量调大的现象。

2020 年 9 月，市公安局会同白云分局前往同德文化广场调研广场舞噪声扰民问题，指导开展系统治理、综合协调处理工作。

2020 年 9 月至 2021 年 3 月，同德派出所依照《治安管理处罚法》《广东省实施〈中华人民共和国环境噪声污染防治法〉办法》，行政处罚广场噪声违法行为 6 宗，有效遏制住广场舞活动团体中"法不责众"思想的蔓延，为下一步同德文化广场的噪声综合治理工作打下良好的基础。

2020 年 10 月，同德街道办配置了一批设备用于加强噪声污染防治。在广场中央安装一套噪声实时监测仪和显示系统，实时测量并显示广场上噪声情况，超过规定噪声将会预警，督促广场舞活动参与群众自觉将音量控制在合理范围；执法部门采购配备了 2 台便携式噪声监测仪，为查处噪声违法行为提供依据，从而提升执法效能。

2020 年 11 月，为鼓励广场舞活动团体群众自觉抵制、主动消除广场舞、高音喇叭等社会生活噪声扰民行为，广州市公安局指导工作专班组织广场舞等群众文化团体负责人、成员适时开展文明活动的相关宣传教育。经过宣传及协调共治，同德文化广场噪声污染防治工作取得明显成效。

2020 年 12 月，部分周边居民反映："噪声虽然比之前降低了一些，但仍然会影响到正常生活、休息。"广场舞活动团体代表表示："个别团体达百人以上，加上周边人流量较大，按照规

居民与广场舞活动团体负责人协调会

定的音量后排根本听不到音乐。"对此，工作专班组织周边居民、广场舞活动团体代表共同研究方案，在保证广场舞活动团体娱乐时间的同时，也最大程度为周边居民创造了良好的声环境。

2021 年 2 月，同德文化广场噪声防治工作专班"以导代堵""刚柔并济"的措施有效缓解了群众对广场舞等文体娱乐活动需求与噪声扰民的矛盾，得到了周边居民的普遍认可。居民普遍反映："广场上音响的音量比以前小多了，跳广场舞的人也会自觉调节音响音量，这次同德文化广场生活噪声扰民综合治理非常有效果！"如今，已经逐步形成了基层政府部门引导、活动团体自律、群众积极参与的协同共治模式，取得了良好成效。

三、主要举措

广州市公安局高度重视社会生活噪声扰民问题，会同生态环境等部门先后出台了社会生活噪声扰民处置工作指引等实用性、操作性较强的指导性文件，属地同德派出所根据实际情况，积极会同街道办、文化、综合执法等部门组成工作专班，综合施策、源头治理，取得了良好成效。

(一) 部门联动，形成合力

为做好同德文化广场噪声污染防治工作，公安机关进一步加强与街道、城管、生态环境等部门的沟通，协同共治；街道办牵头推动安装噪声检测仪，组织开展社会生活噪声防治宣传，引导市民文明开展广场舞等群团文体活动，配合派出所做好同德文化广场噪声防治以及调处工作；派出所会同城管部门开展联合巡查，维护广场公共秩序，及时劝阻和处置使用高音喇叭播放音乐、沿街叫卖等社会生活噪声扰民行为；同德文化广场管理办公室负责做好宣传教育、情况掌握，以及文化广场噪声监测工作（配置手持式噪声监测仪），引导参加活动群众遵守广场管理公约，及时劝阻制造噪声的行为人，对于不听劝阻的情况，及时通报派出所进一步处置；生态环境部门负责对广场内噪声进行监测，为公安机关行政处罚提供科学数据依据。通过各部门齐抓共管，进一步优化广场声环境，提升了周边居民和广场舞活动团体群众的幸福感和获得感。

(二) 教育与查处相结合，充分运用"说理式执法"

广场舞活动人员众多，部分人存在"只要自己播放的舞蹈音乐不超标就行""法不责众"等心理，采用传统的宣传、谈话模式效果不大且费时费力。因此公安机关突出重点、精准施策，先后对同德文化广场高音喇叭持有者及广场舞活动团体负责人进行了警示约谈，消除当事人"法不责众"的侥幸心理，促进其主动降低音乐音量，从源头上化解治理难题。通过宣传栏、微信等多种载体对参加广场舞活动成员进行广泛宣传，引导群众自觉遵守社会公序良俗，主动减少社会生活噪声污染源。同时，对不听劝阻的噪声违法行为人，公安机关依法依规坚决查处，采用警告、罚款等方式督促行为人自觉降噪，维护良好的广场秩序。

公安机关宣传《中华人民共和国环境噪声污染防治法》

（三）制定群众团体文明活动公约，设置"静音"时段

同德文化广场工作专班以共建共治共享理念为指导，组织周边居民、广场舞活动团体代表共同制定、签订了群团文明活动公约。如协商明确在清晨时段，中午12时至14时，夜间21时后为广场舞"静音"时段，既满足部分群众跳广场舞等文化生活需

求，又根据周边群众日常生活规律，尽量减少对正常休息的影响，共同创造安静舒适的声环境。倡导"人民广场人民管、人民安宁人民护"的广场秩序维护理念，实现广场秩序共建共治共享的治理格局。

（四）充分运用科技手段，实时监测智能治理

安装噪声监测牌、配置手持式噪声监测仪，有效强化广场噪声污染防治力度。截至 2020 年 8 月，广州全市公园、广场共安装噪声实时监测及显示系统 64 个，配备手持式噪声监测仪 129 台，公园、广场的管理部门或所在地街道积极推动噪声监测设备的购买和日常维护，提升社会生活噪声污染防治的技术支撑。

（五）建立长效工作机制，维护居民长久安宁

街道组织成立了同德文化广场办公室，强化广场舞高峰时段的情况掌握和教育引导，及时劝阻噪声违法行为人，对于不听劝告的情况通报给辖区派出所，由派出所安排巡查组进一步处置。对于少数对民警处理意见提出异议的，派出所联系区生态环境部门开展噪声监测，依法处理。同时，公安机关牵头组建了广场舞活动团体负责人与工作专班的微信联络群，民警定期在微信群内滚动式宣传法律法规和社会公序良俗，对噪声超标的行为进行通报，定期约谈噪声超标扰民的广场舞活动团体负责人，维护良好的广场声环境。

四、体会与思考

广州作为国家区域中心城市，随着社会老龄化日趋突出，广场舞作为一项对群众的身心健康以及城市文化发展有积极意义、带有文化底蕴的群体性活动，将长期存在于城市公园、广场等户外公共场所，其产生的噪声扰民问题也将普遍存在。另一方面，城市工作节奏快、压力大，市民们需要宁静舒适的环境来缓解压力、恢复精力。如何平衡两个群体不同需求之间的矛盾，是噪声污染防治工作需要研究的重要课题。

（一）完善社会生活噪声管理法规文件

为进一步强化噪声污染防治工作，国家出台了《噪声法》，广东省也配套出台了实施细则，但在日常工作中，现有的噪声污染防治法规配套不够健全，现场执法的操作性不是很强。对此，广州市公安局依据《噪声法》《治安管理处罚法》等法律法规，结合执法实践，制定了《广州市公安局关于依法处置噪声扰民类警情指导意见》，在规范噪声扰民类警情处置的同时，也提升了执法效能。

（二）强化城市声环境功能规划

广州市面积 7 434 平方千米，现有人口 1 900 余万人，城市区域居住、商业混杂情况较为突出，居民区一楼为餐饮店、服装店、二三楼娱乐场所、四楼及以上商品房的商居混合模式比较常见。有的居住区紧挨街区、公园、广场等区域，有的老旧小区活动广场就在居民楼下，有的小区邻近城市主干道，声环境功能规划有待进一步改善，噪声污染防治源头化解存在一定困难。当前，广州市出台了年度噪声污染防治工作计划，相关职能部门在城市区域建设过程中，已进一步加强声环境功能规划，强化从源头上系统防范化解。

（三）加强城市文明行为宣传引导

社会生活噪声产生于人民群众的社会活动，许多市民既是社会生活噪声的受害者，也是制造者。广州市通过部门协同，发展文化志愿者，制定《群团活动文明公约》，进一步加强城市文明行为宣传引导，倡导群众自觉遵守社会公序良俗，教育引导市民主动减少噪声污染源，自觉抵制社会生活噪声污染，共同创造健康舒适的城市生活环境。

（四）加强城市公园、广场的日常管理

基层街道、社区在规划建设文化广场的同时，统筹考虑公园、广场的日常管理，组建广场管理队伍，完善管理规范，制定活动公约，倡导群众自觉遵守、主动维护良好的活动秩序。

（五）探索"低音广场舞"新模式

为进一步实现广大居民对健身休闲和宁静生活需求的和谐统一，下一步将探索"低音广场舞"模式，教育引导群团活动成员将舞蹈队音乐音量调低至相关标准规定限值以内（稍偏低），或选择戴耳机听音乐跳舞。广大居民可以根据喜好选择合适的音量和模式，尽量减少对周边群众的影响。

（六）开展社会生活噪声扰民专项整治行动

为健全广州市社会生活噪声污染防治机制，强化噪声源头防控，广州市开展社会生活噪声扰民综合调处、切实改善人居声环

境。广州市公安局适时组织开展全市社会生活噪声扰民专项整治行动，通过教育引导、综合调处、重点整治、依法查处等措施，对社会生活噪声扰民问题突出的重点地区、重点部位进行综合治理，进一步提升社会生活噪声污染防治工作效能，为广大市民创造文明和谐的生活环境。

作者信息：王捷辉（广州市公安局）

王智强（广州市公安局）

皮国元（广州市公安局）

案例五　长效联防联控
促和谐广场环境

——广西壮族自治区柳州市金沙角观瀑广场
噪声扰民整治启示

一、背景情况

金沙角区域包括位于滨江东路上的金沙角小区及周边地区，是柳州市政府为提升柳江河两岸景观而实施的旧城改造项目，也是百里柳江上的一个重要的景观节点。金沙角观瀑广场为金沙角区域的一部分，其占地面积约 0.53 万平方米，是金沙角区域居民休闲娱乐的主要聚集地。金沙角小区位于金沙角区域北侧，共 2 270 户住户，回迁户约 1 700 多户，大多数是金沙角区域旧城改造时回迁的居民，部分回迁户已将房子出售、出租或者进行商业经营服务活动；自购商品房的约 500 多户，主要群体为柳州市技术人才、商业人士、政府银行国企退休老干部。金沙角小区内老年人较多，加上周边老旧小区居民聚拢一起，人员混杂，素质参差不齐。随着近年广场舞兴起，聚集在该广场跳舞休闲娱乐放松的人越来越多，其产生的各类噪声严重影响了周边社区居民正常工作和生活。2016 年起，金沙角观瀑广场噪声扰民投诉案件逐渐增多，投诉焦点主要集中在广场舞噪声。

金沙角观瀑广场及周边区域

二、时间历程

2016 年 8 月至 10 月，陆续有市民通过"12345"平台、"110"报警电话、"12319"数字城管平台反映：每天晚上 20 点到 22 点，金沙角观瀑广场广场舞噪声太大，影响周边居民正常生活。

2016 年 11 月至 12 月，街道、社区、公安、生态环境、执法局多部门开展调研、座谈、摸排，掌握了解在金沙角观瀑广场跳广场舞的队伍群体数量、队伍规模、娱乐设备功率和数量、广场舞休闲娱乐时间节点等信息，告知广场舞爱好者要注意控制音量、注意娱乐休闲时间，避免影响周边居民的正常休息。同时，给辖区派出所、执法局配备噪声监测仪，根据法律法规标准和现场监测值，督促广场舞爱好者调小设备音量。

2017年4月至6月，随着居民对广场舞需求的日益增加，越来越多居民加入到金沙角观瀑广场自娱团队中，广场舞噪声扰民问题投诉不断，越演越烈。

2017年9月，在金沙角观瀑广场安装一套噪声自动监测系统，赢得了居民的一致认可，也得到了当地媒体的广泛宣传，广场舞噪声扰民问题得到一定程度的缓解。

2018年1月至5月，在金沙角观瀑广场摆放景观花圃进行吸声降噪，一定程度上改善休闲娱乐环境，调整广场舞娱乐空间，限制广场舞爱好者群体数量。

2018年6月至8月，新增休闲健身器材全部投入使用，丰富居民娱乐方式，引导部分居民采取其他娱乐方式，进一步减少广场舞噪声污染。

2018年至2020年，区政府牵头，建立"生态环境＋公安＋街道＋社区"的联防共治机制，充分激发市民的参与性和积极性，以社区老党员志愿者为主体，公安、城管、生态环境部门协助开展金沙角噪声污染防治整治工作，积极引导和劝阻、教育噪声扰民行为，以各部门通力合作和群众常态化沟通，形成协力共治的广场管理模式，逐步实现和谐共处的良性新局面。经过将近4年的有效治理，金沙角观瀑广场的广场舞噪声扰民情况得到有效改善，广场舞噪声扰民投诉案件已由2016年的95件次降至2020年的0件次，整治效果明显。

三、主要举措

(一) 主动调解，理顺群众生活娱乐诉求

　　城中区党委、政府多次听取城中区生态环境保护工作汇报，区委书记、区长在会上多次强调要加强噪声污染治理工作，重点关注金沙角广场舞噪声扰民问题，对金沙角区域噪声扰民专项整治行动进行了周密部署。街道社区充分发挥一线优势，全面深入摸排调查，召集广场舞群体领队、居民代表进行多次协商，充分沟通，共商管理约定，通过"面对面"沟通、"心与心"互通，逐步达成诉求共识，形成广场管理共管共治共享格局。

金沙角噪声扰民业态专项整治推进会

（二）技术支持，明确广场治理标准规范

在金沙角观瀑平台安装噪声自动监测系统，对该处噪声进行实时监测并反馈到显示屏上。在广场显眼处张贴广场管理公约，明确管理规范及噪声标准，及时提醒广场舞爱好者时刻注意控制音量和娱乐时间，不断强化市民法规意识和文明娱乐自觉性，有效地解决群众自娱、健身活动引发的各种噪声扰民难题。

（三）丰富形式，改善广场娱乐休闲环境

在广场空闲地安装更多便民运动设施，引导市民文明健身、科学健身、丰富健身方式；增加植被花圃，不断优化广场休闲娱乐环境。在金沙角区域附近桥底和观光瀑布广场张贴或者设置文明健康娱乐活动宣传画，积极引导居民文明健康跳舞，共同打造金沙角区域安静和谐人居环境。

文明健康娱乐活动宣传栏

（四）部门联动，形成常态巡查监管模式

采取"生态环境＋公安＋街道＋社区"的联防联控模式，建立长效联动机制，出现投诉立即回应解决；街道办事处、社区、物业公司招募成立一支以退休人员为主体、以党员为骨干的广场管理志愿者，积极引导、劝阻和教育噪声扰民行为；执法部门和公安部门定时定点安排人员巡查金沙角区域，发现广场舞噪声扰民行为，立即劝告并予以制止；生态环境部门负责对广场舞噪声投诉及相关纠纷问题开展监测。通过提升管理能力，确保广场舞噪声扰民整治成效。

志愿者引导广场舞团队调低音响音量

自 2016 年 11 月整治至今，金沙角广场实现了噪声扰民零投诉。现在的广场环境优良，群众娱乐休闲与周边居民休息生活互

不干扰，大家都反映广场舞噪声扰民问题没有了，休闲娱乐的群众越来越文明了。

作者信息：周伟平（柳州市城中区人民政府）

覃　晴（柳州市鱼峰生态环境局）

韦　敏（柳州市生态环境局）

车津程（柳州市城中生态环境局）

案例六　警民联动共促宁静广场环境

——湖北省十堰市人民广场噪声扰民整治启示

一、背景情况

十堰市人民广场位于城市经济、文化、政治中心地带，占地面积 2.25 万平方米，是周边居民休闲娱乐的主要场所，每日人流量达 2 万余人，广场附近主要为居民住宅、文化教育、行政办公区域。自 2014 年 8 月开始，"12345"热线、秦楚网市长热线等平台连续收到反映人民广场露天卡拉 OK、广场舞、敲锣打鼓、吹奏乐器等群众性娱乐活动以及商户播放音乐音量过高等噪声扰民问题，严重干扰了周边居民的正常生活。

二、治理过程

解决问题的牵头部门是张湾区公安分局，具体由东岳路派出所组织开展。

2014 年 10 月，东岳路派出所对人民广场噪声问题进行现场摸排调查。

2015 年 1 月，东岳路派出所在十堰市公安局、张湾区公安分局、区生态环境局等指导下，研究制定人民广场噪声治理措施，并联合车城街道办、人民广场社区、区城管局等单位对噪声扰民问题开展专项治理。

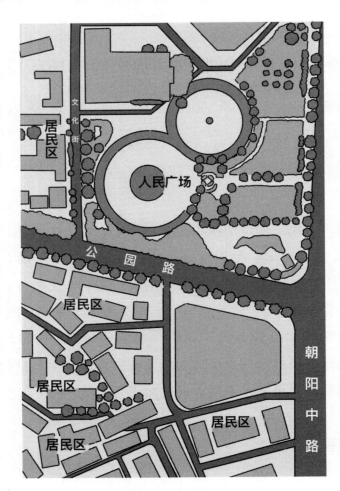

十堰市人民广场及周边区域

2015年2月，张湾区公安分局召开多方参加恳谈协商会，就有关事项达成一致意见。

2015年6月，东岳路派出所在人民广场周边醒目处安装告示牌，十堰市生态环境局在人民广场安装噪声监测设备。

2015年9月始，东岳路派出所在人民广场设置警务站，开展巡逻防控、劝导和执法。

2015 年 10 月始，东岳路派出所持续开展定期、不定期部门联动，加强常态化日常监管。

通过疏堵并举、综合治理，人民广场噪声扰民状况得到较大改善，并逐年向好，没有出现问题反弹，群众满意度大幅提升。

三、主要举措

（一）摸清底数

东岳路派出所对人民广场娱乐团队进行摸排，掌握各娱乐团队的"领队"、成员数量、活动时间、活动区域、播放音量等情况，并对人员组成情况进行详细调查。截至 2019 年 6 月，摸排出 13 个娱乐团队共 500 余人。摸清底数，有利于开展劝导。多数人员属退休职工，年龄偏大，一般监管部门劝导未产生积极效果，通过职工原单位对其开展工作，起到事半功倍之效。

（二）开展宣传及监测

东岳路派出所对各个文体娱乐团队领队及团队骨干进行法律宣讲，主要包括：《噪声法》《治安管理处罚法》《民法典》《十堰市文明促进条例》等与噪声相关内容，提升相关人员的法律意识。

东岳路派出所联合广场游园管理处在人民广场周边醒目处安装告示牌，将活动时间、活动地点、活动人数、音量限值等注意事项予以公告，提醒相关人员遵守相关规定。由十堰市生态环境局安装噪声监测设备，实时监测、显示广场噪声值。当广场噪声

开展法律法规宣讲

监测值超过 60dB（A）时，及时由人民广场游园管理处工作人员、巡逻民警等进行规劝，要求立即降低噪声，不得影响他人正常生活。以可视化的告示牌和实时显示的噪声值为依据，在劝导群众降低噪声时，便于群众从内心深处接受，不产生抵触情绪和行为。

（三）强化公安执法

东岳路派出所在人民广场专门设置警务站，对噪声扰民投诉迅速处置，及时要求降低音量不得扰民。同时，加强人民广场的巡逻防控，一旦发现噪声过大，及时予以制止。采取延时执法、重点时段巡查等方式，对早晨和夜晚广场舞活动高峰时段各活动聚集点进行不间断巡查、劝导和执法。此举对人民广场群众性娱乐活动监管更有力度，最大程度避免噪声扰民情况发生，尽量为广大市民营造一个良好的生活环境。

设置警务站与定期巡逻相结合防控噪声

(四) 注重部门联动

张湾区公安分局作为牵头部门，注重加强与区城管执法局、区生态环境分局、车城街道办、区创文办、游园管理处等联动配合，加大对人民广场噪声扰民问题的综合治理。各部门的分工情况如下：

城管执法局负责禁止夜间从事产生噪声超标的建筑施工行为，禁止个体商户开展露天 KTV、使用高音喇叭宣传等。区生态环境分局负责噪声监测。车城街道办负责协调组织公安、城管、生态环境、社区、义务巡逻队等多种力量参与专项整治，负责对整个工作的统筹协调。区创文办负责加大对广场制造噪声影响他人休息、拒不整改的人员和不文明行为的曝光，加强对《十堰市文明促进条例》宣传推介。游园管理处负责加强对人民广场规范管理，及时劝阻可能制造噪声影响他人休息的行为，规范群众性娱乐活动。

（五）调动社会力量

充分调动社会力量，组建广场红袖标义务巡逻队。发挥红袖标义务巡逻队的信息搜集、文明劝导作用，使大部分噪声扰民问题在红袖标义务巡逻队层面得到解决。人民广场义务红袖标巡逻队，大多是人民广场周边的住户、热心市民、社区干部等，其对人民广场易产生噪声扰民的地方更清楚，目标导向性更强，工作精准性更佳。

广场红袖标义务巡逻队

四、体会与思考

压实部门主体责任是关键。十堰市张湾区公安分局及其下辖东岳路派出所积极主动与多部门（单位）、涉事双方依法依规依情沟通协商，较好地履行了牵头部门的职责。

多方联动提升工作效率。由公安部门牵头，城管执法、生态环境、街道办、创文办、游园管理处等多方联动，有助于高效解决问题。

加强宣传教育，加大监管设备投入。提高公众法律意识；建设集远程监测、监控、语音警示等于一体的智慧管理平台，才能降低监管成本，提升监管效益。

作者信息：黄　勇（湖北省十堰市张湾区公安分局东岳路派出所）

第三章 综合公园噪声防治

案例七 "静音工程"促进公园和谐
——江苏省苏州市苏州公园噪声扰民整治启示

一、背景情况

苏州公园作为苏州核心区域知名度较高、建设相对完善的城市公园，位于姑苏区苏州古城中心，属于综合型开放公园，周边居民楼、企事业单位、学校等比较集中，是苏州市民休闲娱乐的主要场所。

该公园占地面积超 64 亩，单日最高接待量约 2 万人次。园内备案开展广场舞、歌唱、乐器演奏等休闲娱乐团体约 30 余个，主要的活动地点为芙蓉广场和公园西门北侧空地。由于活动空间有限，各团体不仅因互相争夺场地而发生矛盾，其产生的噪声还严重影响了周边中小学校、幼儿园、社区居民、机关企事业单位的正常教学、工作和生活。

2019 年，苏州公园涉及噪声扰民类投诉达 37 次，占苏州公园全部投诉量的 39.6%，位列第一。

苏州公园

二、时间历程

2018 年 2—4 月，连续有市民通过"12345"平台或苏州"寒山闻钟"市民论坛反映苏州公园内音响声音太大，影响周边居民正常生活。同时，也有游客不断向公园管理人员反映广场舞、歌唱、乐器演奏等音响的噪声扰民问题。在工作人员劝导过程中，有些参与休闲娱乐活动的市民不理解、存在抵触情绪，甚至出现了围堵工作人员的现象。

2018 年 4 月，苏州公园管理处经过多次调研、座谈和摸排，为娱乐团队搭建"市民大舞台"演出平台，每周安排固定开放时间，娱乐团队采取预约的方式进行登记，由管理处统一管理音响设备，有效控制噪声影响，切实规范休闲娱乐团体的活动秩序；同时，通过统一组织，协助休闲娱乐团体建立自治委员会，筛选、发掘优秀的群众表演团队，由管理处为其在区、市级演出平台之间"牵线搭桥"，联合苏州广电部门开展民生类演艺专场活动，通过"以导代堵"的方式在一定程度上有效缓解了噪声扰民，该举措也受到了娱乐团队和市民的一致称赞。

2019年5月起，随着公众对休闲娱乐活动日益增加的需求，越来越多市民加入到娱乐团队中，"市民大舞台"已无法满足市民的自娱需求，随之而来的噪声扰民问题又开始反弹，逐渐有了打乱公园管理秩序的苗头。管理处积极与公安、城管等有关部门协同，建立了执行监管情况定期通报制度，定期通报噪声违法行为查处情况，包括居民投诉量、检查次数、解决处理情况等。针对过程中可能引起群体性事件的情况建立信息分析报送机制，做到纵向、横向之间信息互通。同时做好周边居民的沟通协调和解释工作，认真接待来访民众，主动做好相关安抚工作。制定广场舞公约，通过限时段、限区域、限音量等方法协调各方，最终形成都能接受的方案，但收效甚微。

2019年8月，市园林和绿化管理局牵头，苏州公园管理处多次针对广场舞等噪声源分流的可行性进行了研究和探讨，探索推进"公园＋科技"，引进定向技术的"智慧音响"。同时，做好娱乐团队座谈、产品市场调研、"智慧音响"布点、项目资金支持等前期准备工作。

2019年9月，苏州公园管理处正式启动"智慧音响"安装。

划定了 3 000 多平米的广场舞区域，设置了十余套"智慧音响"，同时禁止市民自带音响。同年 11 月底基本完成了"智慧音响"布点工作，并开始投入试运营。

2019 年 10 月，为了加强"智慧音响"的投入使用后的成效，管理处研究制定完善了《苏州市苏州公园管理处智慧音响管理规范》，成立文娱管理小组，负责协调活动秩序。每天安排上午、下午、夜间三个时段共计 8 小时 30 分钟向团体及公众开放。

2019 年 11 月，苏州公园管理处建立健全公安、城管、公众多方参与机制。

2020 年 1 月，"智慧音响"正式投入使用，至今苏州公园实现了噪声扰民零投诉。

2021 年 3 月，苏州公园收到来自苏州"寒山闻钟"市民论坛网友的表扬信，称"苏州公园变了，以前的苏州公园喇叭声杂乱，互相比高，嘈杂的环境中影响了公园休闲散步的市民；现在的苏州公园环境优良，休闲散步感觉很和谐，很舒服"。

三、主要举措

苏州市园林和绿化管理局高度重视苏州公园噪声扰民问题，并牵头部署解决。苏州公园管理处作为直接管理方，一方面积极开展市场调研，向音响设备供应商了解定向音响功能及成效，体验效果良好。另一方面，多次召开广场舞自娱团队和市民群众征询意见沟通座谈会，调研收集"智慧音响"系统相关合理化建议。同时积极向苏州市、姑苏区两级体育部门了解"智慧音响"的资金支持政策，通过体彩公益金的扶持争取到资金支持，完成了十余套"智慧音响"安装，并于 2020 年 1 月正式投入使用。

广场舞自娱团队和市民群众征询意见沟通座谈会

（一）安装"智慧音响"，做好"静音工程"减法

在开放公园人员聚集的广场布设十余套"智慧音响"，该系统集成了定向声技术，可实现设备发出的声音被集中在固定区域传播，设备正前方 30 度夹角内音量达正常广场舞需求，设备两侧随角度扩大，音量快速递减至 30～40 dB（A），且不破坏音质，避免广场舞各团队之间的互相干扰和相互"斗音"问题，有效解决群众娱乐、健身活动引发的各种噪声扰民难题，实现了公众场合声音的环保效果。

娱乐团队使用"智慧音响"活动

（二）打造"噪声管家"，做好"静音工程"加法

建立健全公安、城管、公众多方参与机制，充分激发市民的参与性和积极性，在社区招募成立以退休人员为主体、以党员为骨干的"噪声管家"志愿者队伍，公安、城管协助公园管理方引导、劝阻和教育噪声扰民行为，以各部门通力合作和群众"面对面"沟通的形式，形成协力共治的公园管理"大园管"格局，逐步实现"人民公园人民管"的共治共享新局面。

（三）完善"管理规范"，做好"静音工程"乘法

研究制定《苏州市苏州公园管理处智慧音响管理规范》，成立文娱管理小组，负责协调各活动秩序。每天安排上午、下午、夜间三个时段共计 8 小时 30 分钟向团体及公众开放。开放时段

内，由工作专员负责为入园活动团体、个人服务，兼顾市民娱乐和周边居民、学生正常生活、学习，尽可能为市民提供休闲、安静的公园环境。

公告"智慧音响"系统使用规定

苏州公园注重"借力助力，共管共享"，与辖区公安、城管、生态环境等部门通力协作，共同维护公园秩序。辖区公安主要负责市民娱乐过程中不文明行为的监督以及噪声扰民相关法律宣传等，对市民有一定的震慑作用；城管与公园物业协作维护公园秩序，城管充分发挥执法权，及时处理扰乱游园秩序的行为。同时，生态环境部门对公园内的环境噪声开展定期监测，与管理处共建开展生态环境保护宣传，引导市民文明游园。通过多部门协作，进一步维护公园游园秩序，提升了市民群众的幸福感和获得感。2020年开始没有接到过噪声扰民方面的投诉。

四、体会与思考

无论是开放性公园还是社区广场，群众自发的广场舞等娱乐活动所产生的噪声扰民问题普遍存在。受各种因素的影响和制约，治理过程中会遇到各种阻力，但是为了优化城市生态环境和美化城市市容园貌，提升城市生态文明和广大市民的获得感和幸福感，噪声污染防治不能松懈。

（一）加快推进相关条例的制定完善

园林绿化部门要制定完善相应的管理规范，加强秩序的长效管理力度，确保公园在管理过程中有据可依，为提升公园管理水平提供制度保障。在管理过程中，可采用刚柔并济、疏导结合的方式，建立群众志愿者队伍，协助秩序管理；在公园内开展一些喜闻乐见的活动，丰富市民的娱乐选择。

（二）加强日常管理

噪声管理需要常抓不懈，推行以"一线工作"为主的精细化管理，研究制定《精细化管理标准》，每日安排带班科长巡逻，同时成立片区管理组，科室人员深入一线，现场负责各项管理工作；物业安保分片分区域网格化巡逻，每个片区设带班保安，确保实时联动。通过"横到边，纵到底，无缝隙，全覆盖"的精细化管理模式，不断加强对市民自带娱乐设备的管控，将各类可能造成噪声扰民的情况遏制在萌芽状态，有效维护公园良好秩序。

（三）合理安排娱乐团队

不断满足人民群众美好生活的向往是开放性公园的服务宗旨，在管控环境噪声的过程中，要采取人性化疏导同步的方式，经常性听取市民的意见建议，根据预约信息的实际情况合理安排市民休闲娱乐时间和场地，营造和谐共处氛围。

（四）利用科技手段助力噪声监管

《治安管理处罚法》中虽然对噪声扰民等问题有相应的处罚条款，但在实际运用中，执法主体以口头警告为主。而且噪声与违法主体之间无法直接关联，受噪声的瞬时性影响，监测数据不可重复测量，造成噪声违法行政调查取证处理难的问题，安装"智慧音响"不仅能有效解决娱乐活动产生的噪声扰民问题，还能满足娱乐团队的文娱活动，更能维护公园的优良秩序，营造安静和谐的游园环境。

（五）加强宣传引导

联合生态环境、公安、城管等部门，经常性开展噪声污染防治、精神文明创建等方面的宣传，在公园公告栏加强社会主义核心价值观的宣传，传播社会正能量，引导市民文明游园。同时，公园经常性开展一些诸如"评弹进公园""园艺大讲堂"等市民喜闻乐见的活动，丰富市民的休闲选择。

"智慧音响"的投入使用，有效解决了市民对文体娱乐活动的向往和对安静优美环境的追求之间的矛盾，运营成效显著，得到了文体娱乐团队、周边市民及企事业单位的一致认可，并逐步在苏州市大范围全面推广。

作者信息：杨庆燕（苏州市苏州公园管理处）

案例八 噪声显示屏给广场舞"亮红灯"

——广东省深圳市盐田区公园噪声扰民整治启示

一、背景情况

随着人民群众生活水平的不断提高，群众也愈发重视自身的健康，越来越多城市居民通过练习广场舞舒缓工作上的压力，锻炼身体。但广场舞带给人们健身愉悦的同时，也给周边居民带来了噪声困扰，噪声信访投诉量居高不下。根据《深圳经济特区环境噪声污染防治条例》广场舞噪声由公安机关负责处理，但由于室外开放式噪声超标的鉴定和取证难，且公安机关没有专业的噪声监测仪器进行噪声监测，执法时缺乏噪声监测数据，无法准确评价和执法。

盐田区生态环境部门主动作为，2014 年起在全市率先运用户外广场噪声监测显示屏，实时显示噪声值。当数据达标时，以绿色显示；当数据超标时，则以醒目的红色字体闪烁提醒（亮红灯），规范管控广场舞噪声扰民问题。至 2018 年，盐田区共建有 18 个噪声监测显示屏，实现了辖区内主要公园、广场所有文体娱乐活动的场所的全覆盖。据统计，自建设噪声监测显示屏后，辖区内关于文体娱乐活动噪声扰民投诉信访案件大大减少，与建设前相比下降了 38%。

广场舞是一种广场文化，多为群众自发组织的群众性文化活动，具有集体性、自娱性等特征。因为不受场地、舞种等限制，所以深受广大群众的喜爱。但由于广场舞持续时间长，参加人数多，音响设备噪声大，不可避免地对周边居民产生影响，其活动过程中产生的矛盾和纠纷也随之显现，噪声扰民信访投诉量居高不下，负面事件频繁发生。《噪声法》《深圳经济特区环境噪声污染防治条例》中有关条款对于此类噪声扰民情形做出了处罚规定，但实际操作过程中存在困难：一是由于公安机关没有专门负责监测的人员及专业的环境噪声监测设备，现场执法时缺乏客观噪声监测评价依据，无法有效依法履行职责；二是广场舞活动点多面广，而执法部门人力有限，很难做到全时段、全方位现场管控。针对这些问题，盐田区环保部门自 2014 年起率先在辖区公园、广场等公共场所建设户外广场噪声监测显示屏，通过宣传引导、警示教育等"柔性执法"措施协助公安部门管控广场舞噪声污染。

二、设置过程

噪声监测的设备、位置及周边的环境对噪声监测显示屏能否得到应有的效果起决定作用，一旦其中一个条件不合理，一方面会影响到噪声监测结果，另一方面对广场舞噪声起不到应有的约束作用。通过调研反馈，街道和社区等基层单位的需求点位较多，而噪声监测显示屏设置和维护开支较大，受经费限制，不可能满足所有基层单位需求。噪声监测显示屏的设置应结合信访投诉情况进行实地调研，选择最具代表性点位，以最少的点位反映最真实的声环境质量，科学、合理、最大限度发挥监测作用，保证监测的权威性。

设置噪声监测显示屏的初衷是协助监管部门做好广场噪声管控工作，服务当地周边居民，因此需要与各街道、社区保持良好的沟通，充分听取群众呼声。但要发挥好有限经费的最大效益，就要科学布点，选择最具代表性点位，不能完全满足街道、社区及群众的需求，对此需要充分做好解释工作。另外，用地、用电涉及部分商户利益，该工作涉及面广，沟通协调有一定难度。

为保证噪声监测显示屏设置工作科学合理、有序进行，由生态环境部门牵头，积极开展以下工作。

(一) 组织实地调研，科学布设点位

为保证环境噪声监测能够科学、全面、准确地反应该地区的声环境质量状况，在噪声监测显示屏安装前，深圳市生态环境局盐田管理局向全区各街道、社区基层一线征集广场舞投诉较多的点位，并与噪声扰民信访投诉情况进行比对。在此基础上，安排工作人员到社区、公园、海滨栈道等收到居民投诉较为密集、强烈的点位进行实地勘查，收集广场面积大小、周边设施及噪声敏感建筑物情况、广场舞活动时间及参与人数等数据，分析研究噪声显示屏点位设置方案，最终选择最具代表性点位。

(二) 加强沟通协调，建立联动机制

《深圳经济特区环境噪声污染防治条例》中第六条和第八条对部门职责进行了规定，具体如下：

第六条　市、区人民政府生态环境主管部门对本行政区域内环境噪声的污染防治实施统一监督管理，督促、协调其他依法行使环

盐田区东和公园噪声监测显示屏点位及周边区域示意图

境噪声监督管理职责的部门和机构开展环境噪声监督管理，具体负责对工业噪声、建筑施工噪声以及商业经营活动、营业性文化娱乐活动产生的社会生活噪声实施监督管理。公安部门负责对机动车噪声和本条第一款规定之外的社会生活噪声实施监督管理。

第八条 居民委员会、业主委员会、社区工作站、物业服务企业等单位应当协助依法行使环境噪声监督管理职责的部门加强声环境管理，组织开展环境噪声污染防治的宣传教育和环境噪声纠纷调解工作。

为保证各部门（单位）长效沟通、及时响应、快速行动、尽早解决盐田区文体娱乐活动的噪声扰民问题，由生态环境部门统筹，安排专人通过去函、电话等形式，与公安、城管、街道、社区等部门建立联动机制，协调合作。同时强化公园、广场等公共场所社会生活噪声管理的属地责任，由公安联合生态环境部门一同实地调研，了解辖区广场舞分布情况；城管部门协助做好噪声监测显示屏的用地、用电等基础保障工作。各部门明确分工，紧密配合，为全区设置噪声监测显示屏创造了良好的安装条件。

　　2020年6月23日，由盐田区公安部门牵头，生态环境部门配合，联合街道办事处、社区居民委员会对辖区市民通过市长热线投诉的海滨栈道广场舞噪声扰民案件开展噪声执法专项行动，现场开展噪声执法监测。利用噪声监测显示屏对广场舞人群开展噪声污染防治宣传教育活动，督促市民严格按照声环境质量标准要求开展广场舞活动，共同营造和谐的社区环境，案件办理结果获得群众一致满意。

盐田区生态环境部门现场开展噪声执法监测

（三）定期巡查检修，确保数据精准

在噪声监测显示屏设置后，做好后期的运维管理工作也尤为重要，同样要抓实抓细抓好。在后期，深圳市生态环境局盐田管理局进一步切实落实噪声显示屏的运维管理工作，安排人员每周巡检；每月对噪声屏仪器进行校准和比对；并且每年定期送往深圳市计量质量检测研究院进行检定，检定合格后才继续投入使用，确保噪声监测显示屏正常运行，数据准确有效。

三、实施效果

（一）互相提醒监督，协商控制噪声

噪声监测显示屏实时显示噪声值。当大数据达标时，以绿色显示；当监测噪声级昼间超 60dB（A）、夜间超过 50dB（A）时，则以醒目的红色字体闪烁提醒（亮红灯）。广场舞活动人员根据噪声监测显示屏显示的噪声值，可以自主降低舞蹈音乐音量；群众亦可通过噪声监测显示屏监测数据对广场舞活动人员进行友善提醒。通过安装噪声监测显示屏，起到了群众互相监督的作用，既能防控噪声污染，又能减少邻里纠纷，共同营造和谐的社区环境，群众的满意度得到大幅提高。

（二）加强宣传普法，赢得群众赞誉

噪声监测显示屏在实时显示的噪声值的同时，还滚动显示声环境质量标准、相关法规及温馨提示宣传标语。通过安装噪声监

白天超过60 dB(A)亮红灯，夜晚超过50 dB(A)亮红灯

噪声监测显示屏实时提醒噪声超标

测显示屏，辖区居民了解到噪声相关法律法规及标准，起到宣传普法的效果。越来越多的居民能正确意识到声环境质量的重要性，逐渐形成良好的行为规范，携手改善声环境质量，共同努力建设宁静舒适的声环境。

据统计，与设置噪声监测显示屏之前相比，涉及广场舞噪声扰民的投诉案件下降幅度达38％，获得群众一致称赞。

四、体会与思考

(一) 面向群众，依靠群众

广场舞是群众自发组织的积极向上的文体娱乐活动，噪声污染是与其相伴而生的"副产品"，噪声整治不能"因噎废食""一禁了之"。同时，广场舞活动点多面广、参加人数众多，噪声整治本质上是做好"群众工作"，必须紧密联系群众，依靠群众。一是要从思想教育入手，加强有关环境噪声知识的宣传教育，提高公民的环境噪声防治意识；二是要广泛听取民意，妥善处置，收到的投诉举报事项，及时赶到现场进行检查处理，同时收集、整理监测数据，为下一步执法部门执法提供数据支撑。

(二) 建立机制，协同解决

广场舞噪声污染的整治横跨多个部门，在处理一些难度大、相对复杂的噪声污染事件过程中，各有关部门应加强沟通协调，通力合作。一般由公安部门牵头负责统筹处理，生态环境部门协助公安部门设置噪声在线自动监测站，对噪声监测数据进行收集、统计、分析，为执法部门提供数据支撑。各街道、社区、城管部门强化属地责任，加强日常监管。通过各部门建立的联合机制，紧密合作，协同解决广场舞噪声扰民问题。

(三) 加强执法，有效监管

公园、广场等公共场所噪声管控难度较大，需要强化执法监管。对商业经营活动产生的噪声污染，严重干扰周围环境的，则责令经营业主限期改正，并给予警告；对于群众自发性娱乐活动产生的噪声污染，要通过耐心细致地进行宣传引导、教育规范，让群众自觉改正噪声污染行为。同时，要加强日常巡查和监管，对拒不服从管理、拒不改正的，应严格按照相关法律法规予以查处。

作者信息：梁智伟（广东省深圳市生态环境监测站；广东省深圳市生态环境局盐田管理局）

　　　　　刘利清（广东省深圳市生态环境监测站；广东省深圳市生态环境局盐田管理局）

案例九 部门共管营造"低分贝"公园环境

——山东省青岛市墨河公园噪声扰民整治启示

一、背景情况

墨河公园位于青岛市即墨城区中心南侧，总规划面积 26.46 万平方米，建设用地面积 16.3 万平方米，其中铺装面积 5.7 万平方米，绿化面积约 10.6 万平方米。栽植各类乔木 6 000 余株，地被灌木 8.8 万棵，草坪 7.04 万平方米。公园总体布局分为中心广场区、文化长廊区、特色景园区、亲水活动区四个功能区，各个功能区内容既独具特色，又相互映衬，是目前青岛地区占地面积最大，功能最齐全的集娱乐、休闲、文化、健身于一体的开放式休闲公园。

墨河公园周边居民区较为密集，临近即墨区人民医院，对噪声干扰较为敏感。2020 年 3 月份以来，墨河公园内有人组织敲锣打鼓活动，严重影响周边居民生活，由此造成的投诉层出不穷，引起了青岛市公安局即墨分局治安大队及公园管理处的重视。

二、时间历程

2020 年 3 月以来，墨河公园管理处及青岛市公安局即墨分局治安大队多次接到电话投诉称"墨河公园每天晚上都有一群人

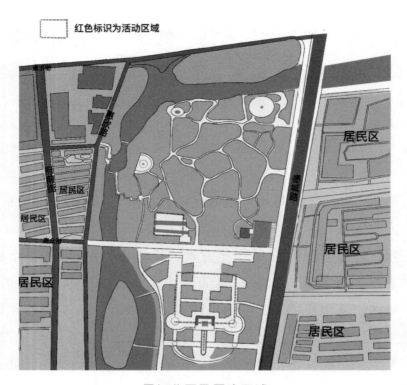

墨河公园及周边区域

敲锣打鼓，严重影响周边居民的日常休息"，有记者对此事进行了解报道。

2020年3月下旬，墨河公园敲锣打鼓噪声扰民事件引起了墨河公园管理处及青岛市公安局即墨分局治安大队的重视，开展了整治活动。

2020年6月至7月，青岛市公安局即墨分局联合即墨区综合行政执法局、墨河公园管理处等单位开展为期一个月的墨河公园噪声扰民专项治理行动，取得了良好的成效。

三、主要举措

(一) 事前规劝到位，注重源头化解

墨河公园管理处对敲锣打鼓人员进行了多次文明、耐心劝阻。起初敲锣打鼓活动相关负责人员认为墨河公园是公共娱乐休闲场所，自己的行为并没有影响到他人。墨河公园管理处会同青岛市公安局即墨分局治安大队及环秀街道派出所约谈了敲锣打鼓相关负责人员，告知其行为违反了《噪声法》《山东省环境噪声污染防治条例》及《青岛市环境噪声管理规定》中的相关规定，对周边居民的生活产生了影响，并耐心向其科普了噪声对人身体健康的不良影响。沟通后，敲锣打鼓组织者认识到自己的行为对他人的影响，并与公园管理处约定了可以进行活动的时间段，晚上 21 点前要结束活动，并避开 12 点至 14 点的午间休息时间，特殊时间段例如中考、高考期间不允许开展敲锣打鼓活动，最大限度降低对周边居民的影响。工作人员耐心的劝解和对法律的普及大大降低了群众对整治工作的不满和不理解。

(二) 广泛开展宣传，增强行动自觉

结合《噪声法》《治安管理处罚法》等相关规定，墨河公园管理处通过公园公示栏、宣传标语、LED 显示屏等多种方式广泛宣传噪声管控公告，明确噪声音量限制、控制产生噪声的文体娱乐活动时间、违规处罚等措施，引导群众认真遵守相关规定。墨河公园共设置公示栏一处，宣传标语五处，LED 显示屏一处，

公园管理处及公安劝阻娱乐行为并告知相关法律

在公园内营造了"低分贝公园"的良好氛围。

（三）加强部门合作，开展专项整治

2020 年 6 至 7 月，青岛市公安局即墨分局治安大队联合即墨区综合行政执法局、墨河公园管理处等单位开展为期一个月的墨河公园噪声扰民专项治理行动。成立联合工作队，每天从各单位抽调队员 7 名，从 19 时至 21 时在墨河公园开展不间断巡查，对噪声扰民行为进行劝导、查处。同时为避免矛盾，每次劝导过程中工作人员都穿戴制服，佩戴文明劝导袖标，全程录像，保证劝导、整治过程规范合理。截止到 2020 年 7 月 1 日，联合工作

多种方式广泛宣传噪声管控公告

队累计出动队员 70 人次，成功劝导了 110 余起噪声扰民行为，使墨河公园噪声明显降低，高峰期 20 时公园边界噪声基本控制在 60 dB（A）以下，专项整治活动取得明显成效。

四、体会与思考

近年来，随着经济社会发展，城市化进程加快，我国环境噪声污染日益突出，环境噪声扰民投诉始终居高不下。解决环境噪声污染问题是建设生态文明的必然要求，是探索中国生态环境新道路的重要内容。当前还需进一步加强环境噪声防治工作力度，并进一步加强执法人员的专业性与各单位之间的联动。

（一）强化公众参与，听取群众意见

在社会生活噪声防治工作中，要加强宣传工作，引导居民自觉遵守相关条例规定。要注重倾听民意，充分考虑周边群众的利益。例如在审批新建项目时，要充分考虑对周边居民产生的潜在影响，必要时可走访周边居民了解民意。

（二）重点监管噪声敏感建筑物集中区，打击违法违规行为

依据相关法律条例，严格管理噪声敏感建筑物集中区域内的文体娱乐活动，完善噪声敏感建筑物集中区域保护制度，明确医院、疗养院、机关、学校、住宅和科学实验室等噪声敏感建筑物范围和管理措施，加大上述区域的声环境质量改善力度。

（三）加强日常监管，积极解决投诉

加强噪声污染信访投诉处置，确保环保"12369"公安"110"城建"12319"举报热线的噪声污染投诉渠道畅通。对确认事实的举报要加强重视，迅速解决，做到让群众满意。

在墨河公园文体娱乐活动扰民案件的解决过程中，青岛市公安局即墨分局治安大队、即墨区综合行政执法局及墨河公园管理处高度重视群众投诉，各司其职，齐心协力保障噪声整治行动的顺利进行。注重从源头上化解，通过对敲锣打鼓人员的耐心劝导及交流，让相关人员意识到自己的行为违反了相关的噪声防治法律法规，并对周边居民造成了不良的影响，从而认真遵守规定的时间，在保障居民娱乐活动的同时，尽可能降低对周边居民生活的影响。墨河公园敲锣打鼓声扰民情况得到了顺利的解决。墨河

公园噪声扰民专项治理行动也取得了良好的成效，赢得了周边居民的广泛肯定。

作者信息：赵明明（青岛市生态环境局即墨分局）

范显峰（青岛市公安局即墨分局）

案例十　以优质服务换人民满意

——山东省淄博市人民公园噪声扰民整治启示

一、背景情况

徜徉在公园清新的空气里，跳舞锻炼休闲本是件惬意的事情，但是高音量的音乐声，却让周边居民和游客烦恼不已。2020年11月以来，连续有市民通过"12345"平台反映淄博人民公园噪声扰民问题，群众每天自发组织的广场舞、直播唱歌等文体娱乐活动，此起彼伏的音乐声严重影响周边居民的休息；在距离淄博人民公园的市民休闲广场、城市之光广场、儿童乐园、太极广场等场所百米处，就能听到嘈杂的音乐声。为此，公园管理部门成立噪声扰民专项整治工作小组，对人民公园多个场所进行走访，对群众反映较多的产生噪声扰民的文体娱乐活动进行专项整治。

二、时间历程

2020年11—12月初，"12345"投诉举报热线陆续接到群众反映，人民公园广场文体娱乐活动噪声影响到孩子学习、老人休息。

2020年12月，针对近期噪声投诉案件较多的问题，淄博市公园城市服务中心多次调研、座谈、摸排，为文体娱乐团队提供限定音量的音响，该设备最大音量不超过 70 dB（A），由管理处

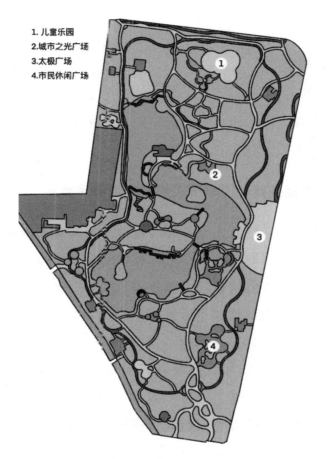

1. 儿童乐园
2. 城市之光广场
3. 太极广场
4. 市民休闲广场

淄博人民公园及周边区域

统一管理音响设备。同时组织公园内规模较大的活动团体负责人召开人民公园管理恳谈会，和游园市民"面对面"沟通，实现"人民公园人民管"。有效控制噪声水平，切实规范文体娱乐团体的活动秩序，在一定程度上有效缓解了噪声扰民问题，该举措也受到了文体娱乐团队和市民的一致称赞。

2020 年 12 月 21 日，噪声扰民专项整治工作小组在人民公园巡查时，群众自发组织的广场舞、唱歌等文体娱乐活动的声音均已得到有效控制，未发现噪声扰民现象。

三、主要举措

为解决好人民公园的噪声扰民问题，相关管理部门综合采用管理及技术手段，积极寻求解决方案。

（一）以服务促整改，严格落实噪声污染防治要求

在噪声污染防治方面，各部门管理人员丝毫不敢懈怠，积极想办法找对策，采取多种管理方式教育引导，规范噪声污染防治工作落实，向管理要效益，以服务促整改，严格落实噪声污染防治规章要求，努力做到"一个标准""两个坚持""三个满意"。"一个标准"即：无论大小音箱，在园内的播放音量全部以控制在 70 dB（A）下，对私自提高音量而不听劝阻三次以上者，谢绝入园直至改正。"两个坚持"即：坚持紧盯不放，违规即纠，绝不手软；坚持长效管理，形成噪声防治常态化、制度化。"三个满意"即：在噪声污染防治方面做到活动团队满意、周边居民

无论任何类型音响，不得超过70 dB(A)

任何音响的音量不得超过 70 dB（A）

满意、公园管理方满意。通过优质化的服务，园内活动团队音量都控制在 70 dB（A）以下，市民对公园噪声治理的效果也较为满意。

（二）在宣传和服务上做好文章

一是日常工作中加大文明游园宣传力度，充分利用发放"公园是我家、大家爱护它"的市民文明游园宣传册，提高游客对公园管理规定的知晓率。

公园管理人员讲解限定音量的音响使用方法

二是通过采取政府采购限定音量的音响，由公园统一管理，免费供活动团队使月的方式，从根源上解决噪声问题。

三是在公园内热点活动位置安装噪声监测仪及显示屏，以醒目的数字提醒广大市民。此举实现了"人民公园人民管"的新局面，有效控制噪声水平，在一定程度上有效缓解了噪声扰民问题。

(三) 加强管理，强化整治

针对公园生活噪声问题，专项整治工作组严格按照淄博市政府第 109 号令及公园的各项管理规定扎实有效地开展园林监察工作，着重加强对噪声扰民问题的管理。

合理优化管理力量，明确责任分工，充实大型活动团队参与管理人员数量，加强巡逻检查力度，对音量超标的行为及时制止，并发放噪声扰民告知书。通过强化整治，不断加强对市民自带音响的管控，将各类可能造成噪声扰民的情况遏制在萌芽状态，有效维护了人民公园的良好秩序。

经过 2 个多月的集中整治，淄博人民公园噪声扰民情况得到有效改善，周边居民满意度大幅提升。对于约定歌舞时间和播放器音量，活动团队表示接受和理解；限制播放音量，采购限定音量的音响，既满足中老年人的文体锻炼需求，也保障周边居民追求安静的需求。

四、体会与思考

公园、广场等公共场所是全体市民共有的休闲娱乐场所，在公园、广场内的文体娱乐活动产生的社会生活噪声，防控工作不能松懈。

(一) 加强联合执法

城管、公安、生态环境等多部门实行执法联动，针对不文明行为启动"警园联动"机制，加大执法力度，共同治理噪声扰民等不文明行为。城管部门加强公园日常督查，对拒不服从管理的由公安部门依法处理，通过联合执法予以取缔活动点，并在媒体及公园公告、宣传区域予以曝光。

（二）明确文体娱乐团队责任

针对在公园、广场内从事文体娱乐活动的固定团队，定期召开活动团队负责人座谈会"，明确目标责任，签订防治噪声污染协议等。

（三）加大宣传力度

新闻媒体应加大宣传引导，倡导市民在公共场所进行文体娱乐活动时设身处地为他人着想，不要影响其他市民和游客享受宁静环境的权利。

（四）借鉴良好的工作经验与做法

不断学习和借鉴先进城市的经验和做法，对公园管理、噪声管理和景区管理的相关条例等进行修订和完善，增加和细化噪声管理、处罚的条款，同时明确职责，使公园、广场等公共场所的噪声污染得到有效的管控。

作者信息：孙衍丽（淄博市公园城市服务中心）

岳　汇（淄博市生态环境局）

案例十一　明责任重管理　扰民难题见成效
——广东省广州市流花湖公园噪声扰民整治启示

一、背景情况

　　流花湖公园地处广州市中心，绿树成荫，风光旖旎，每天吸引了众多市民游客，也吸引了许多借助音响器材放声高歌的市民。公园四周高楼环绕，形成相对洼地，声音扩大效应十分明显。2009 年 7 月流花湖公园免费对外开放，园内游客人数大幅增加，节假日期间单日入园人数逾 4 万人，在园内唱歌的现象随之增加，给周边单位和小区居民带来噪声烦恼。2016 年，《广州市公园条例》实施，流花湖公园积极开展噪声整治工作，取得明显效果。

二、时间历程

　　2009 年 7 月，流花湖公园开始免费开放，自免费开放至2011 年期间，流花湖公园内的市民自发组织唱歌活动经历了数量从少到多，活动形式从单一到多样，噪声投诉从无到有的过程。

　　2012 年至 2015 年底，流花湖公园内的噪声投诉呈爆发性增长态势，文体娱乐活动团队数量增多至 70 多个，活动产生的噪声也越来越大。园内游客、周边居民（单位）通过拨打广州市

"12345" 市民服务热线、广州市林业和园林局服务监督热线、流花湖公园服务热线，或者直接来访公园反映投诉噪声扰民问题。

2016 年 2 月至 4 月，流花湖公园借《广州市公园条例》实施及《广州市林业和园林局关于加强公园噪声管理工作的通知》印发的东风，多措并举，果断整治，让公园噪声问题在短时间内得到明显下降，得到市民游客和新闻媒体的认可。

2016 年 5 月至今，流花湖公园内的噪声情况得到有效控制，公园服务热线偶有接到关于噪声的投诉，公园工作人员即时劝导，基本可以得到缓解。

三、主要举措

公园加强安排部署，强化责任落实，贯彻刚柔并济的管理理念，多管齐下，有序推进各项整治措施。

(一) 厘清职责，对噪声扰民现象进行全面整治

为使噪声管控工作更加有的放矢，落实包干责任制，集中时段全面整治。

一是成立噪声整治工作小组。流花湖公园在广州市林业和园林局的指导下，领导班子高度重视，公园领导亲自部署，部门管理人员具体落实，抽调业务能力强的工作人员组成 8 人工作小组，对公园辖区的噪声进行全面整治。

二是分阶段按步骤实施。公园噪声整治工作小组制订分段整治方案，按步骤实施。整治工作开始前一个星期，积极做好前期宣传工作，在公园各大门口放置"请游客勿私带音响设备入园"

倡议书，整治工作开始后，再给予游客几天缓冲期，宣讲条例政策，最后才雷霆出击，彻底清查。

三是落实责任制全面处理噪声案件。实行领导干部包案化解责任制，科学部署，充分发挥公园办公室、安保部等各部门的作用，对群众反映较强烈的事项，分管领导具体组织部署，做到"四个一"，即一个案件，一个领导，一个部室，一个办案时限。通过落实责任制，增强工作人员的责任心，提高了工作效率，取得了明显的效果。

四是多部门协调合作。在活动团队的整顿、清理过程中，公园同时向所属街道、派出所报备，如发现突发情况，请相关部门协助。

公园入口放置"请游客勿私带音响设备入园"倡议书

（二）划定功能分区，对游客活动进行合理引导

既要考虑周边居民对宁静人居环境的要求，也要考虑市民进行

文体娱乐活动的需求。为此公园进行功能分区，将全园分为娱乐活动区域、健身活动区域、游览休憩区域和安静休憩区域四大功能区，并将分区情况进行公示，引导市民在娱乐活动区域开展文体娱乐活动。为兼顾噪声管理和满足游客娱乐需要，公园管理处把分散的唱歌队伍引导至流花歌台开展歌唱活动，禁止在流花歌台以外的区域唱歌。制定歌台管理制度，歌台实施使用申请审批制度，加入歌台的团队需签署《流花歌台表演团队承诺书》，承诺遵守歌台管理规定，不使用扩音器材，严格控制音量。工作人员加强巡查监管，监测噪声大小，对噪声超标的唱歌群体加以规劝。

广州市流花湖公园游憩活动分区示意图

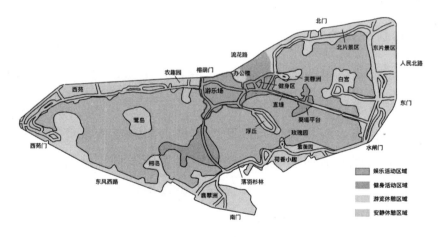

流花湖公园游憩活动分区示意图

（三）完善规范，对娱乐团体进行科学管理

流花湖公园根据《广州市公园条例》制定了《流花湖公园游园管理须知》，公示在各个出入口。门岗人员把好第一道关，严

禁携带大功率的音箱入园；要求园区活动时严守条例和规定，按《广州市公园条例》《流花湖公园游园管理须知》等规定开展活动，做到不违反"三个规定"，即时间规定、地点规定、音量规定。加强对娱乐活动区域内群众活动平台的管理，制定歌台管理制度，不再提供电源，科学合理排班，轮流使用歌台。

对流花湖公园内的文体娱乐活动进行摸底调查，登记团队负责人信息。经统计，共有文体娱乐团队 75 个，其中多数是舞蹈、太极和歌唱团队。公园管理处加强与团队负责人的沟通交流，一旦出现噪声扰民事件，及时联系团队负责人，提高沟通效率，畅通管理渠道，同时引导团队负责人担起组织管理责任，共建和谐公园。

（四）加强法律的宣传及游客的沟通，及时化解矛盾

守法护法氛围的形成在于加强宣传，提高公众的公共意识，提升公民素质，形成良好风气。2015 年 10 月 1 日，《广州市公园条例》实施，流花湖公园以此为契机，加强宣传教育力度。

一是管理人员加强学习，公园主要领导亲自主持召开噪声整治工作会议，带领管理干部和保安人员逐条逐款学习条例的重要内容及噪声相关标准规范。

二是加强宣传引导。公园管理者以条例内容为基础，自行编导三句半《文明规则齐遵守》，并邀请游客在公开文艺汇演活动中表演，进行"互动式"宣传。同时，派发了 6 000 多份《流花湖公园文明游园手册》，张贴宣传海报上百份，录制广播，每天循环播放，以图、文、声并茂的形式向游客传播文明有序的游园理念。

管控人员学习相关法规标准

三是畅通沟通渠道。召开游客代表座谈会，广泛听取游客代表的意见和建议，让游客来为公园管理、防噪降噪出谋划策。组织娱乐活动人员与噪声投诉者双方座谈，正面沟通，换位思考，化解矛盾。进一步完善服务热线，将公园服务热线的接线时间由原来的跟工作人员上班时间同步延长到与公园的开放时间一致，游客在游园的过程中遇到任何问题，都可以第一时间通过电话与公园管理处联系，及时做出处理，把矛盾解决在萌芽状态。

（五）完善设施对噪声情况实时监测

公园引入噪声测量和监控工具，提升噪声管控水平，采购 3 套噪声监测显示屏，安装在娱乐活动较多的广场或平台，公开透

文艺表演互动宣传《广州市公园条例》

明，实时监控；购置数十部手持式噪声监测仪，让保安和服务监督人员每天巡查，随时监测，及时引导。

四、体会与思考

流花湖公园噪声整治工作取得的成效得益于政府的政策支持，上级部门的重视和指导，法律法规的宣传和落实，公园干部职工的努力和付出，市民群众的理解和参与，形成有利于管理的良好局面，营造了温馨和谐的游园秩序。

（一）有据可依是噪声整治的抓手

在整治过程中，《广州市公园条例》的出台给公园噪声整治提供了强有力的依据，让整治工作有章可循，有据可依。借助《广州市公园条例》出台的东风开展噪声整治的并非只有流花湖公园，越秀公园东秀湖景区因靠近居民区，晚间文体娱乐团队活动的噪声引起居民投诉，公园依据《广州市公园条例》开展噪声整治，加强宣传教育，注重团队活动引导，让噪声问题得到有效缓解。雕塑公园云液湖和风情街景区市民文体娱乐活动比较丰富，引起周边居民强烈投诉，公园依据《广州市公园条例》相关条款对活动团队进行管控，并与投诉人反复沟通，最终让娱乐噪声投诉问题得到缓解。

（二）领导重视是噪声整治的关键

群众利益无小事，公园多次召开噪声整治工作会议，专题研究化解噪声扰民问题，从讲政治、讲稳定、讲大局和坚持党的群众路线的高度出发，制定《化解噪声扰民工作方案》，明确具体工作任务和措施，并就工作开展及推进作了周密部署，立说立行。

（三）刚柔并济是噪声整治的手段

始终秉承刚柔并济的管理理念，对个别群众违反规定开展活动造成噪声扰民的现象，公园管理部门本着以人为本原则，耐心进行说服教育。能通过劝导解决问题的，绝不走行政处罚解决。处罚不是目的，让违反规定的群众自己意识到自身错误，自觉改正才是最终的目的。对于劝导无效、执意违反《广州市公园条例》和公园管理规定的，公园坚决履行管理义务，依法处理，雷霆出击，维护最广大人民群众的合法权益。公园工作人员不断提升自身的管理服务意识，在不影响公园秩序的前提下，给予不配合管理的群众一个宣泄情绪的时间及空间，待其情绪稳定后再晓之以理，动之以情。通过反复劝导，多人劝导，大多数被劝者都能意识到自己的错误，表示今后按照规定开展活动。

（四）提高游客素质是噪声整治的核心

市民树立法律意识、规则意识，自觉尊重法律法规，服从公园管理，提高文明素质，相互理解，相互配合，是噪声整治的核心。只有市民发自内心地支持公园整治噪声的行动，才能形成文明游园的风气，营造和谐的公园氛围。

作者信息：彩　虹（广州市流花湖公园）

刘丽春（广州市流花湖公园）

第四章 社区公园噪声防治

案例十二 三级联动破题广场舞噪声污染
——北京市海淀区双榆树公园噪声扰民整治启示

一、背景情况

　　双榆树公园位于中关村街道科学院南路 31 号，是中关村街道的街心公园，园内绿树成荫，闹中取静，是附近居民休闲自娱的主要聚集地。近年来，广场舞已成为一道全民运动的风景，只要有空地，就有舞团各自为阵。由于每天早晚有群众自发跳广场舞，陆续有群众向社区和街道反映双榆树公园噪声扰民问题，由于音响的音量太高，严重影响周边居民的休息。本是强身健体的好事，因为噪声问题变了味。虽然有相关的法律法规支持，但是因执法难度大、取证困难、管控效果差，广场舞噪声问题一直是社区治理的难点问题。尤其自 2018 年环保投诉举报电话纳入"12345"市民服务热线以来，群众关于广场舞噪声扰民的投诉举报数量增长较快，被"接诉即办"机制列为重点关注领域。

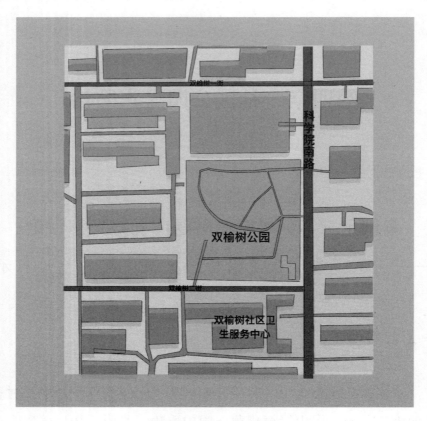

双榆树公园及周边区域

二、时间历程

2019 年至 2020 年，有居民通过社区及 "12345" 市民服务热线反映双榆树公园广场舞噪声扰民问题。

2020 年 10 月至 12 月，中关村街道办事处组织工作人员对双榆树公园广场舞现象展开专项巡查整治。

2021 年至今，中关村街道办事处结合噪声显示屏辅以 "人管人" 的方式有效降低广场舞噪声。

三、主要举措

（一）市-区-街道三级部门联动

公园、广场内广场舞噪声扰民问题，被"接诉即办"机制列为重点关注领域。海淀区双榆树公园内文体娱乐活动噪声扰民作为解决该类问题的试点，由北京市生态环境局组织协调，海淀区生态环境局、海淀区公安分局依据各自职责积极配合，海淀区中关村街道办事处负责具体实施。试点推动了双榆树公园广场舞噪声扰民问题的解决。

广场舞噪声智能管理系统试点推进会

（二）科技手段助力

广场舞噪声管理系统是将计算机网络技术、环境噪声监测技术、物联网技术进行智能化、网络化、自动化的集成整合，形成一个完整的公共场所噪声在线监控显示和管理系统。系统前端由固定和移动噪声监测点位、噪声显示屏、视频监控点、定向音响等组成，后端是具有数据存储、分析和统计功能的综合管理系统。

通过监测数据的实时监测及显示，提醒健身群众适当控制音量，从而倡导群众自治、公众参与，引导文明健身娱乐活动，减少广场舞扰民。从噪声监测的前期测试数据看，基本反映了双榆树公园群众娱乐活动的声学特点和规律，广场舞噪声较高的时段基本在上午 8：00—10：00，下午 16：00—17：00，晚上 19：00—21：00。

通过 24 小时不间断采集噪声和视频数据最终上传到多功能显示终端，当广场舞噪声值超过设定的标准限值和持续时间后，屏幕会显示提醒文字，街道也会及时根据噪声值变化采取有效管控措施，辅助提醒劝导群众进行自我规范，实时降低噪声污染，充分节省人力物力。

（三）强化街道组织领导责任

中关村街道在市、区生态环境局的指导下，结合噪声监测数据情况，采取科室牵头、社区配合、责任到人的工作方式，安排专人负责双榆树公园噪声扰民治理工作，借助噪声显示屏监测，向居民普及噪声污染的标准，通过不间断巡查劝导，并辅以"人

管人"的管理方式，将广场舞队伍的声音限定在 55 dB（A）
以下。

当公园内噪声值超过规定值时，公园工作人员及时到现场给
予提醒和劝导。同时街道持续加强与属地派出所密切联系，针对
不听劝导的群众，及时获取噪声监测的超标证据并上报公安机关
快速处置。

（四）强化宣传力度

定期现场讲解噪声污染防治的相关法律法规，加强对广场舞
参与者普法宣传和教育引导，提高法律意识，引导自我约束和自
我管理，获取广场舞参与者理解和支持。

公园工作人员现场提醒和劝导噪声超标扰民行为

四、体会与思考

通过市－区－街道三级联动，利用科技手段既解决了广场舞噪声执法难的问题，又能对居民娱乐活动起到很好的宣传和规范作用，采取新视角、新思路解决新问题。在充分考虑和吸收借鉴双榆树公园广场舞噪声治理的有益经验和做法的基础上，中关村街道办事处针对广场舞噪声治理制订了下阶段工作计划：

（一）合理规划实施市政降噪工程措施

选择适合树种，种植常绿树及树叶茂密的树种。科学排布绿化构成，高低结合，高大树木配合低矮绿植，构筑噪声屏障。针对公园、校园、居民楼等声源和噪声敏感建筑物，适当加装声屏障，降低广场舞噪声污染。

（二）强化技术手段

推广噪声监测与视频监控联动系统，噪声超标时及时固定证据；严格规定设备精确度，确保测量结果精准有效，保证证据可信度。公园广场舞活动采用定向音箱，控制声音的传播范围。

（三）建立快速响应机制

建立灵活高效的处置机制，打通街道、公安等执法部门的沟通渠道，发现问题第一时间解决，避免噪声污染的形成和持续。

（四）提高公民自治

制定活动公约，对于公园、绿地等聚集地文体娱乐活动的种类及时间进行规定。居民密集区周边应对甩鞭子、打陀螺、广场舞等活动的噪声严格控制。提高参与活动群众的公共意识，引导市民自觉遵守规范，定期约谈文体娱乐活动团队组织者，实现宁静社区环境。

作者信息：邢旭东（海淀区人民政府中关村街道办事处）

案例十三　社区自治用真心化解广场舞噪声

——上海市闵行区古美路街道噪声扰民整治启示

一、背景情况

古美人口文化公园是上海市闵行区古美街道地区一个完全开放的小公园，公园沿着漕河泾河而建，是下沉式的河滨步道，周边绿树成荫，百花争艳，下沉式设计使道路车流与其隔开，闹中取静，是附近居民休闲娱乐的好地方。在公园内的广场舞活动区域面积约 80 平方米左右。

由于公园里有多支舞队，每天有一两百人进行广场舞锻炼，各舞队之间存在着音乐的彼此干扰，舞队自带音响所产生的噪声对周边的居民区造成了严重的环境噪声污染。周边的小区居民不堪其扰，纷纷拨打"110"报警。然而每次民警到达现场后，只能暂时劝诫广场舞爱好者离开，等到民警一走，广场舞队伍又"春风吹又生"。广场舞的参与者兴致勃勃，而旁观者却避之不及。

由于缺乏沟通和日积月累的积怨，造成了彼此之间的矛盾越来越大，导致周边居民多次通过各种途径进行投诉。

二、时间历程

2016 年末至 2017 年 4 月，古美路街道居民通过拨打"110"报警、"12345"市长热线、到区政府上访等方式对古美人口文化公园内广场舞噪声扰民问题进行投诉。

2017年4月18日，由街道主要领导组织，联合公安派出所、城管执法中队、社区管理办、居委会等各方力量联合开会部署，集中力量啃下这块硬骨头，还居民一个安静温馨的生活环境，让广场舞成为社区风景线。

在调研会上，相关执法单位、街道、居委、物业公司等各职能部门表达了工作意愿和难处，经过多次研讨后逐渐达成了以"自治沟通平台＋志愿者劝解沟通"为主要措施的共识。街道组织第三方古美社区环保服务中心搭建志愿者劝解沟通平台，培育、招募志愿者，闵行区生态环境局提供技术指导，居委培育招募志愿者，派出所提供执法支持，城管中队提供秩序维持。

2017年5月8日，古美路街道通过公开招投标方式，签订委托协议，委托第三方单位"闵行区古美社区环保服务中心"实施常态化巡查管理，明确了具体管理的管控时间、巡查地点、任务内容和考核方案。

三、主要举措

广场舞噪声治理还需依托社会力量，古美路街道主要通过三个方面的措施对广场舞噪声进行治理。措施出台后取得了较好反响，目前噪声治理获得了明显成效，居民针对广场舞噪声方面的投诉明显下降。曾经有一位居民经常拨打110报警电话，坚决要求取缔广场舞。在进入广场舞志愿者管控群和大家深入交流一段时间后，她见证了小区的广场舞乱象有了明显改善，也感受到了大部分广场舞爱好者是一群热情积极向上的人，发现了广场舞有益于身心健康的积极一面，双方很快找到了平衡点。经古美路街道初步统计，居民针对广场舞噪声方面的投诉下降了 80%，居民满意率也随之上升，噪声整治工作取得了较好的成效。

（一）成立噪声管控小组，引入志愿者管理体系

2017 年 5 月 15 日，服务中心成立了噪声管控小组，并制定了具体制度和办法。由中心负责人任组长，其他两名管理员担任副组长，同时安排两名工作人员担任噪声管控巡查员。每天早晚巡逻两次，如果发现广场舞活动未在规定时间内进行，会马上劝导队伍离开。巡查员要做好巡查记录，发现问题及时处置，并即报副组长和组长酌情支援。

在学习研究噪声控制规约的基础上，考虑社区居民总体文化程度高，有志愿服务精神的居民较多，现有志愿者团队众多等有利条件，在街道整治广场舞噪声扰民会议上明确各项治理措施，把引导、支持服务中心组建噪声自治志愿者服务团队作为主要措施之一。志愿者除了街道办事处工作人员、居委会工作人员，还在广场舞爱好者中招募了一批志愿者团队，目前已经有 100 多人自愿加入。

古美路街道现有 30 多个广场舞队伍，每个队伍都有志愿者小队，同时也是队伍的自治管理小组，包括组长、多个副组长、音响播放人员等。他们是广场舞的积极参与者，在队伍中有一定话语权，能够引导广场舞活动举办得越来越规范。

服务中心安排管控小组落实现场巡查，组建了有管控小组成员和志愿者加入的微信群，及时沟通解决问题。

管控小组成员现场巡查

（二）正确引导，实现自律自治

通过积极动员和有效引导，使广场舞爱好者逐步加入噪声管控志愿队伍，使志愿者队伍的管控点位和管控时段覆盖所有文体娱乐活动。利用噪声管控志愿者与广场舞队伍的密切关系，引导广场舞队伍遵守活动时间及音量规定。同时，通过噪声管控志愿者达到对特殊时段或临时任务等相关要求的传达。

（三）控噪声，设备设施来帮忙

2017年8月，为了更好地获取噪声超标数据，处理现场情况，由古美路街道出资，在园内广场舞噪声控制点位配套增加了噪声监测显示屏，配套安装广场舞噪声管控宣传牌，提醒各广场

噪声管控巡查员进行现场监测

舞队伍要遵守规定，音量不能超过 65 dB（A）。同时为了加强巡逻、方便联系，服务中心为噪声管控小组的巡查员配置了手持噪声监测仪、辅警用噪声管控巡逻电动车及对讲机群呼系统。2021年 7 月 21 日，古美人口文化公园试点使用了智慧广场舞系统。该系统依托聚音超指向性扬声器，并配置了一整套完整的音乐播放与定向传声功放系统。由于聚音产品独有的定向传声的特点，广场舞音乐可以被限制在一个较小的空间之内，对周围环境的噪声干扰控制在符合国家标准之内。该系统可因地制宜安装于灯柱、凉亭支柱等位置。采用定向声技术，将声音的传播范围控制在正前方 30°夹角内，两侧音量随角度扩大快速递减，定向区域内声音清晰，但侧面、背面减弱较快，在侧面 70 米或背面 50 米处听到的是隐隐约约类似蚊子"嗡嗡嗡"声音，智慧广场舞系统通过特定算法，利用超声波超指向性传播的特性，将人耳可听声搭载于超声波上，能动地实现了人为控制声源位置、声音传播方向以及覆盖范围的突破性声音体验，有效避免了对周围环境造成额外的噪声污染，解决了群众健身活动的扰民问题，从根源上有效控制了噪声污染。

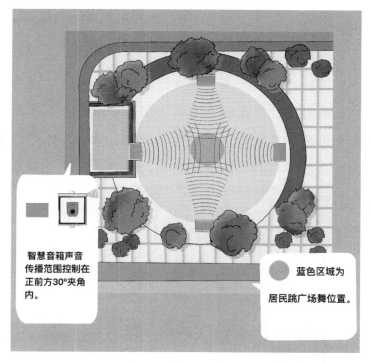

智慧广场舞系统声音传播示意图

作者信息：赵赟沁（上海市闵行区生态环境局）

案例十四　警民合作共治噪声难题
——天津市河西区桂江公园噪声扰民整治启示

一、背景情况

天津市河西区桂江公园紧邻桂江里小区，占地面积约0.9万平方米，是典型的社区花园，主要为周边小区的老人和儿童提供娱乐场地和设施。长久以来，周边小区的退休老人每天在花园开展广场舞和乐器演奏等文体娱乐活动，活动社团的音响设备音量

桂江公园及周边区域

较大，严重影响了周边居民的正常生活。受噪声影响的居民多次与广场舞社团和乐器演奏社团沟通，未得到有效的解决，一方面居民认为文体娱乐活动影响到自己休息，另一方面文体娱乐活动团队人员认为自己有权力在公园开展相应的活动。双方各执一词，噪声扰民问题一直无法有效解决。

二、时间历程

2020年5月，天津市河西区东海派出所管辖内桂江公园附近居民报警反映，桂江公园内部分娱乐活动产生大量噪声问题，导致居住环境嘈杂，影响周围居民正常作息。接到居民报警后，东海街派出所出警后发现，傍晚时段桂江公园内有市民进行娱乐活动，高峰时约有300至350名居民参加，该文体娱乐活动导致噪声扰民。

东海派出所针对公园内的噪声扰民问题，一方面加强巡逻值守，及时疏导劝阻。另一方面，向文体娱乐活动参与者和周边居民配发噪声监测仪，积极组织居民主动参与到噪声污染防治中来。

三、主要举措

（一）明确部门职责，加强综合管理

所属片区公安部门东海派出所负责巡逻劝阻和治安处罚，每天由值班所长带队，安非民警到桂江公园值守，及时发现并制止

噪声扰民活动。对于不听劝阻，执意进行噪声扰民活动的，依据《天津市文明行为促进条例》《治安管理处罚法》相关规定进行处罚；街道办事处负责日常宣传、监督和劝阻；公园管理部门负责梳理矛盾，划定合理活动区域。

（二）发动群众力量，阻断问题源头

东海派出所向进行娱乐活动的老年人和临近居民双方发放了噪声监测仪，参照《声环境质量标准》的限值要求，共同约定60 dB（A）作为桂江公园边界的昼间噪声控制标准，并且夜间22点以后停止娱乐活动，发动群众进行自我监督和互相监督，如有超标情况，一方面文体娱乐活动的团队要立刻控制音量，另一方面周边居民也可以联系派出所出面调解。同时，派出所为巡逻车配备噪声监测仪，便于现场监测和执法。

文娱活动群体和居民监督监测

（三）明确相关规定，规范社团活动

为避免文体娱乐活动噪声扰民问题反复发生，东海派出所在公园内张贴宣传公告，告知文体娱乐活动团队的活动范围、活动时间、活动可以聚集的人数限值、可使用音响的功率及声环境标准限值要求等，使在公园内活动的人员明确行为规范。

作者信息：张　磊（天津市生态环境监测中心）

第五章 专属公园、游园等
其他公共场所噪声防治

案例十五 宣传协调并进 共促惠民行动
——浙江省湖州市项王公园噪声扰民整治启示

一、背景情况

项王公园位于湖州市环城河龙溪港东岸的地段，属于滨水公园。公园所在地相传是湖州的老城门之一奉胜门的遗址所在，传说西楚霸王项羽率八千江东弟子西击暴秦，就是从该门而出。公园因地处市中心成为了周边居民文化娱乐、休闲健身的重要场所。2018 年 9 月，市长热线持续接到群众投诉："湖州市吴兴区项王公园里面多名大爷大妈每天高声唱歌，从每天晚上 18 点半持续至晚上 21 点半。严重扰民，正常生活都无法继续，紧闭门窗歌声还能传进来。学生无法安心学习，老人无法入睡！"。平均每晚有 3～4 起关于园内广场舞、露天卡拉 OK 的噪声投诉及报警，民警多次入户调查，并与广场舞、唱歌团体进行沟通，效果甚微。

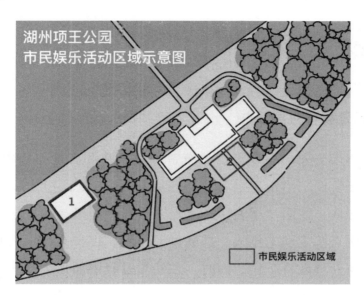

湖州项王公园市民娱乐活动区域示意图

二、治理过程

2018 年 10 月份起，湖州市公安局高度重视项王公园噪声扰民投诉问题，与生态环境、综合行政执法部门持续联合开展噪声整治，开展联合执法 20 余次。

2018 年年底，通过 2 个多月的整治，对广场舞、露天卡拉OK 的组织者、经营者进行上门约谈、现场劝导，各类噪声扰民投诉、报警数量呈明显下降趋势。露天卡拉 OK 流动点陆续离场，项王公园周边居民等来了宁静的夜晚。

2019 年，湖州市公安局经过民意研判、部门申报、社会征询、群众投票等环节，将包括社会生活噪声污染防治在内的群众关心事项列入年度"惠民十大行动"，精心谋划扎实推进，巩固噪声防治成效。

三、主要举措

（一）巡逻教育劝导为先

湖州市公安局综合警情分布、群众反映和实地排摸等数据，梳理广场公园、沿街店铺等噪声重点区域 13 处。组建噪声巡逻防控小分队，着眼"早晚两个 8 点"重点时间段，常态化开展大功率音响点唱歌曲老年人、广场舞爱好者、夜市高音喇叭叫卖商贩等群体劝导教育工作。同时，在劝导过程中加强柔性劝导，防止矛盾纠纷产生。

（二）协调联动集中整治

湖州市公安局会同综合执法、生态环境、街道（社区）等部门，成立城市噪声专项整治小组，明确各部门职责，确保噪声问

公安机关处罚多次劝阻无效的单位及个人

题发现、监测、劝导、处罚、落实、反馈全链快速解决。如：生态环境部门负责噪声监测，公安机关负责对多次劝阻无效的单位及个人进行处罚，实行重点区域专人实时管控，对公共场所产生噪声扰民，且拒不整改者依法处置。

（三）宣传服务加强交流

通过微信等新媒体平台推送等方式，围绕《噪声法》《湖州市文明行为促进条例》等法律法规开展宣传，提醒公众了解噪声危害及噪声相关法律法规．营造浓厚整治氛围。组织广场舞领队召开协调会，吸收部分人员作为噪声防治协管员，加强沟通交流。同时，争取老年体协支持，为老年排舞队更换小功率音箱，进一步从源头减少噪声。

微信公众号宣传《中华人民共和国环境噪声污染防治法》

作者信息：孙　睿（湖州市公安局环侦支队）

案例十六 阶梯式执法解矛盾 创造和谐公园

——江西省南昌市抚河公园噪声扰民整治启示

一、背景情况

抚河公园以抚河水面为中轴，包括东、西两岸陆地，北起滕王阁、南至将军闸，由水面、南浦园、里洲园、桃苑园、建设园构成，全长4.6公里。抚河公园位于南昌市西湖区中心，作为南昌核心区域环境较好、建设相对完善的城市公园，属于开放型公园，周边居民楼非常集中，是南浦、桃苑市民休闲娱乐的主要场所。公园占地面积超1 024亩，单日最高接待量约7 000人次，园内广场舞、歌唱、乐器演奏等文体娱乐团体10余个，其中抚河公园徒步队伍的规模最为庞大，其产生的文体噪声严重影响了周边社区居民正常生活。2020年，抚河公园涉及噪声扰民类投诉占抚河公园全部投诉量的70%以上，位列第一。

抚河公园徒步健身队伍组建近十年，属民间自发建立的公益性组织。因步行锻炼可促进身心健康，且媒体曾多次对其进行宣传报道，使得该徒步健身队伍在南昌小有名气。在媒体的宣传下，该徒步健身队伍规模越来越壮大，最高峰时人数多达上千人。

由于该徒步健身队伍锻炼是为了增强"士气"，每天锻炼的时候都会拖着高音量音箱不停地喊口号、放音乐，使得抚河公园、广场上每天劲曲环绕。这道靓丽的"风景线"让人又爱又恨，它能锻炼身体，为生活增添乐趣，但同时也严重影响了附近居民的正常生活和学习，让周边居民生活不堪其扰。

徒步健身队伍在抚河公园锻炼

徒步队伍日常在每天早上6点到21点，晚上19点到21点聚集，正是附近居住市民休息、学习的黄金时间。因此队伍的锻炼时间与市民休息、学习时间产生了冲突，徒步队锻炼产生的噪声污染已经严重影响到附近老年人的休息及青少年儿童的学习，引起了周边居民的强烈不满。

该徒步队是民间自发性组织，人口流动性大且参与人员众多，每次参与人数少则五六百人，多则上千人，执法部门多次赶往抚河公园对徒步队进行规劝等口头教育，但效果甚微。

二、时间历程

2020年12月，连续有市民通过市长热线、城管部门、公安"110"对抚河公园徒步队伍进行投诉，投诉中反映该徒步队伍运动过程中会携带高音喇叭进行循环播放，此类行为造成的噪声对周边居民的日常休息造成了严重影响，在管理人员进行劝导的时候仍会遭遇市民的围堵谩骂，被劝导的市民有很大的抵触情绪。

2021年1月初，该事件因群众投诉量大，引起西湖区委、区政府高度重视，区长进行亲自调度，要求城管、公安、生态环境部门进行联合整治。为保证执法工作平稳有序地开展，街道组织城管、公安、生态环境部门成立联合执法小组，开展联合执法，积极采取多样化手段执法，制定了相关方案和人员分工。

2021年1月至2月，西湖区生态环境局的监测人员为了监测出真实准确的声环境质量状况，连续多次与南浦街道综合执法队员们对"徒步大队"音响产生的环境噪声进行了蹲守监测，向城管和公安部门提供了完整和准确的监测数据。

2021年2月23日，为认真贯彻区委、区政府开展噪声问题集中整治专项部署，由街道综合执法队、西湖区生态环境局、筷子巷派出所抽调40余人组成联合执法队统一行动，按照街道领导的决策部署要求，对"徒步大队"音响引起的噪声扰民事件进行了专项整治。

2021年3月初，综合执法队的执法人员在抚河公园沿线进行巡查时，途经辖区内的"徒步大队"音响音量明显降低，在可控范围内，不干扰周边居民正常生活，逐步实现"文明运动从我做起"的南浦新时尚。

三、主要举措

在联合整治期间，区政府对群众和各级反映的噪声扰民情况高度重视，积极联合公安、生态环境、城管部门，持续开展噪声专项整治，经过整治，噪声扰民情况得到有效改善。

（一）加强协作

由西湖区生态环境局的监测人员对"徒步大队"音响产生的环境噪声进行了蹲守监测，并向城管和公安部门提供了监测数据，根据南昌市人民政府 2019 年 12 月份下发的《南昌市声环境功能区调整及划分方案》（洪府发〔2019〕35 号），抚河公园执行 1 类声环境功能区标准，"徒步大队"音响设备产生的环境噪声高达 81.8 dB（A），严重超过 1 类声环境功能区昼间标准限值。随后由当地城管执法大队牵头，公安部门、西湖区生态环境局共同参与，组成了 45 余人的联合执法队伍对"徒步大队"音响引起的环境噪声扰民进行了专项整治。

西湖区生态环境局对徒步大队音响噪声进行监测

（二）强化整治

由城管部门根据《治安管理处罚法》《江西省环境污染防治条例》等法律法规对其整个团队下达了《责令整改通知书》，暂扣了音响设备，并对使用音响扰民的团队负责人处以两百元罚款。除此之外，公安部门对组织者进行耐心细致的批评教育，告知他们噪声扰民是违法行为，给"徒步大队"的成员进行了普法宣传教育，并告知噪声产生的不良影响，建议他们调整徒步锻炼时间，降低音响音量，或者更换有效方式，做到既不扰民又有效鼓舞大家不掉队，鼓励大家为建设文明城市做贡献。

对"徒步大队"下达《责令整改通知书》

（三）加强宣传

在执法过程中向"徒步大队"成员宣传有关噪声污染防治的法律法规知识，并在公园设立提示牌，同时定期或不定期组织城管、公安、生态环境部门的执法人员进行夜间巡查，对公众进行法律法规知识的宣传，提高广大群众的生态文明意识。

经过2个多月的集中整治，公园晨练时的环境噪声扰民情况得到有效改善，"12345"市长热线、"12319"城管投诉热线、"12369"生态环境投诉热线、"110"公安投诉热线近期均未收到群众对晨练时的环境噪声扰民类投诉。

四、体会与思考

从徒步健身队这类民间性自发队伍的组织和发展初衷而言，其目的是为群众文体娱乐服务，但是由于不合理的行为导致该徒步队扰民情况严重，使健身队伍引起的噪声干扰和周边居民的正常生活作息相互对立起来。

（一）以事实为依据，以法律法规为准绳

此次整治以《噪声法》《治安管理处罚法》《江西省环境污染防治条例》为执法依据；同时加强多部门联合执法，做到有法可依，有法必依，加强监管力度，采取多样化的监管措施，积极进行整改治理。

（二）加强联合执法，充分发挥部门能动性

多部门联合执法是现今制度下不可或缺的执法需求，在处理投诉案件的过程中，涉及的职能部门相对较多，联合执法队伍一般可由公安、生态环境、城管、工商等多部门人员组成，为巡查发现、监督落实、考评考察、协调联动、综合执法、经验推广、

查漏补缺等职能提供工作条件，要充分发挥联合执法的作用，加强联合执法的力度。

（三）采取阶梯方式，有效缓解民事矛盾

视违法严重程度，采取阶梯式处罚机制：对初犯偶犯者，以警告教育为主；经警告教育仍拒不改正的，依法给予行政处罚；行政处罚后再犯的，依法从重处罚；涉嫌犯罪的，由公安机关依法办理。具体到本案，执法机关通过劝导、口头警告、下发责令改正通知书的方式警示行为人，对于拒绝改正的组织者再给予罚款、暂扣违法设备等行政处罚，取得了良好的社会效果。

（四）宣传法律法规，提高公众法律意识

市民法律意识淡薄，大多未意识到噪声污染是违法行为。应联合城管、公安、生态环境、街道办等多部门开展多种形式的普法活动，加大宣传力度，增强公众环境保护意识。比如挂宣传横幅，开展普法讲座等等，并充分发挥报刊、广播、电视、网络等多种媒体作用，提高公众法律意识，防止噪声扰民问题引发矛盾纠纷，从而营造和谐局面。

（五）完善基础设施，加强文明城市建设

在进行城市规划时，有必要将公园、广场规划内容精细化，将健身场地作为规划内容，规避敏感建筑物集中区域，选择在距离居民区较近的地方建设体育场馆，并科学管理和合理安排文体健身活动时间，从而保证公众在健身娱乐的同时不会对周边居民的生活作息造成影响，避免群众纠纷的再次出现。另外，在公共娱乐设施建设时，可以借鉴成功的建设经验或者实例，为每一个社区都建设相应的配套娱乐设施和文本娱乐场所，在提高广大居民生活质量的同时也解决了文体娱乐噪声扰民的问题，一举多得。

抚河公园徒步大队的噪声污染专项整治行动提醒我们要完善相关法律法规，做到有法可依，有法必依，加强监管，采取多样化的监管措施，积极地进行整改治理。

法律法规依据

违法依据：《江西省环境污染防治条例》第五十五条第一款第一项："下列产生社会生活噪声、干扰他人正常生活的活动，由公安机关依照有关法律、法规、规章的规定实施监督管理：（一）在城区街道、广场、公园等公共场所和居民区举行产生较大音量的娱乐、健身、集会、商业促销等。"

处罚依据：《江西省环境污染防治条例》第六十八条第一款第二项："有下列行为之一的，由公安部门责令改正；拒不改正的，处200元以上500元以下的罚款：（二）违反本条例第五十五条第一款规定，产生生活噪声、干扰他人正常生活的活动的。"

授权执法依据：《南昌市城市管理相对集中行政处罚权实施办法》第八条第一款第七项："执法局的主要职责是：（七）行使公安管理方面法律、法规、规章规定的对环境噪声污染和违法在人行道停车行为的行政处罚权。"

作者信息：李　嵘（江西省南昌市西湖生态环境局）

郭　亮（南昌市南浦街道办事处）

魏筱雨（南昌市南浦街道办事处）

案例十七　综合整治维护公园宁静

——陕西省商洛市丹江公园噪声扰民整治启示

一、背景情况

丹江公园沿丹江北堤建设，位于市区丹江北堤与江滨大道之间，北起二龙山水库坝底，顺丹江延伸至东龙山刘湾桥头，总长7 510.5米，属于带状游园，是商洛市区居民休闲、娱乐、游玩的重要户外场所。公园中分布有黄沙河广场、丹江桥广场、王塬大桥广场、构峪桥广场、李塬广场等多个广场，面积为500～3 000平方米不等，公园沿线隔江滨大道有多个居民小区紧邻广场。

2019年6月以来，经常有群众反映商州区丹江公园沿线特别是南门口广场、丹江桥下、望江楼广场、商鞅广场每天早晚群众自发组织的广场舞、唱戏、直播唱歌等活动严重影响周边居民的休息。2019年6月30日，省委第十巡视组进驻商州区后下发的反馈意见中反馈"城市噪声影响居民生活问题"。商州区委、区政府为推进省委第十巡视组专项巡视我区秦岭生态环境保护问题反馈意见整改工作，印发了《商州区落实省委第十巡视组反馈意见整改方案》（商州字〔2019〕134号）。由区政府牵头组织，公安商州分局、商州区城管局、生态环境商州分局、丹江公园管理处等相关单位对丹江公园沿线群众自发组织的广场舞、唱戏、直播唱歌等文体娱乐活动噪声扰民问题进行专项整治。

二、主要举措

在联合整治期间，商州区政府对群众和各级反映的噪声扰民情况高度重视。生态环境商州分局联合商州区城管局、公安商州分局、公园管理处开展噪声整治。

（一）强化宣传

生态环境商州分局作为牵头单位以区政府办文件印发了《商州城区环境噪声污染专项整治工作方案》，商州区政府印发了《商州区人民政府关于对城区环境噪声实施综合整治的通告》（以下简称"通告"），划定了本次城区环境噪声专项整治的区域，明确了整治重点并夯实了各相关职能部门及镇（办）工作职能，在城区各中心广场、建筑工地、丹江公园、四办两镇社区张贴《通告》100余份，积极营造社会各界参与支持噪声污染防治工作的浓厚氛围。

（二）精心组织

根据商州区委、区改府的部署，作为"城市噪声影响居民生活问题"牵头整改单位，生态环境局商州分局高度重视，专门召集商州区城管局、公安商州分局、公园管理处等相关部门召开专题会议，要求各单位要认识此项工作的重要性，各相关职能工作部门都成立了领导小组，按照各部门职责强化措施，加大整治力度，确保成效。同时，还定期、不定期组织公安商州分局、商州区城管局、公园管理处、生态环境商州分局执法人员进行夜间巡

在街道、广场、公共场所组织娱乐、集会活动，时间为早6：00至22：00，使用音响器材音量不得超过60分贝，不得干扰周围环境。

《商州区人民政府关于对城区环境噪声实施综合整治的通告》

重点整治区域张贴《关于对城区环境噪声实施综合整治的通告》

查，对群众进行法律法规知识的宣传，提高广大群众的环保意识。

（三）加强协作

生态环境商州分局积极组织辖区公安、城管、街道办、居委会、物业等部门召开会议，对社会生活噪声整治进行安排和部署。联合城管、市场监管、文化、公安、城管等部门开展联合整治，加强社会生活噪声污染的整治工作。对广场、公园、学校、商业街、大型商场等易发生社会生活噪声问题的单位进行约谈，要求活动人员自觉遵守法律法规，避免发生噪声扰民事件，在公园设立提示牌15块，通过各种方式进行宣传。

（四）强化整治

　　针对辖区社会生活噪声问题，生态环境局商州分局及时成立专项整治工作组，由局长任组长，分管副局长为副组长，联合区城管局、公安商州分局执法人员组成联合执法小组，组装噪声污染治理宣传车一辆，持续在每天早、晚两个重要时段开展宣传整治，利用专用设备对噪声进行现场监测，对噪声超标的及时予以制止警告，并发放噪声扰民告知书。

执法人员监测噪声并发放噪声扰民告知书

　　经过多方联合、多措并举的持续强化治理，丹江公园噪声扰民情况得到有效改善。2019 年 8 月下旬，联合整治小组在丹江公园沿线进行夜间巡查时，未发现群众自发组织的广场舞、唱戏、唱歌等噪声扰民现象发生。

三、体会与思考

面临噪声污染的严峻形势，防治工作仍不能松懈。

（一）建立疏导为主的治理理念

由镇办、社区组织在远离居民区的空地或闲置场所设立专用区域进行广场舞、唱戏、唱歌等群众自发的娱乐活动；如一定要在小区附近进行，由社区出面制定一个公约，规定音量限值、起止时段等，必须避免噪声扰民。

（二）强化日常管理

借鉴大型活动报备管理模式，对目前的主要噪声源——广场舞、戏曲等文体娱乐团体进行管理。比如对各个文体娱乐活动团队进行备案编号，重点在时间的选择、音量的控制、地点的规范上下功夫，进行实地调查，做好彼此沟通，定好规矩，做好引导。

（三）强化联合执法

设立整治小组，由公安、城管、生态环境等部门共同参与，共同治理，协同执法，生态环境部门加强噪声监测宣传，城管部门加强公园日常管理，对拒不服从管理的由公安部门依法处理，通过联合执法予以取缔活动点，并在媒体及公园公告、宣传区域予以曝光。

作者信息：吕晓燕（商洛市生态环境保护综合执法支队商州大队）

张　哲（商洛市生态环境保护综合执法支队商州大队）

案例十八 "无声广场舞"引领新风尚

——浙江省绍兴市社区广场噪声扰民整治启示

一、背景情况

绍兴市越城区秦望社区和树鹅王社区服务中心门前的社区广场，每到晚上都会聚集大量居民跳广场舞，经常持续到晚上 21 点左右。秦望社区服务中心周边有龙珠花园、秦望花园等多个小区，树鹅王社区服务中心则位于树鹅王公寓小区内。由于周边居民在两个社区广场上跳广场舞的音乐伴奏音量过大，严重影响周边小区其他居民正常生活、学习和休息。社区居民多次到社区党群服务中心投诉广场舞的噪声影响家里小朋友日常学习和睡眠。

二、治理过程

2020 年 8 月底，绍兴市生态环境局制定了专项"无声广场舞"活动方案。

2020 年 9 月初，绍兴市生态环境局、绍兴市生态文明促进会和秦望社区相关工作人员对社区广场舞问题进行整治安排和部署，对秦望社区广场舞团队领队进行沟通交流，就广场舞噪声问题进行真诚恳切地深入探讨，针对是否愿意配戴无线耳机表明意向。

2020 年 10 月中旬，绍兴市生态文明促进会在征求绍兴市城南街道办事处同意后，决定在秦望社区附近名人广场举行社区"支持降噪签名大行动"活动，设置摆放签名墙，讲解广场舞噪声危害，宣传无声广场舞理念，发放噪声科普手册，取得周边群众大力支持。

2020年9月中旬至11月底，绍兴市生态文明促进会以秦望社区和树鹅王社区为试点，通过前期考察调研、选购设备，累计为6支广场舞团队免费提供6台发射器、137副无线耳机，用于替代伴奏音响。

2020年12月，绍兴市生态文明促进会对试点社区广场舞噪声治理情况多次进行夜间随机回访，广场舞团队均佩戴耳机跳广场舞，未发现使用音响跳广场舞出现噪声扰民现象。

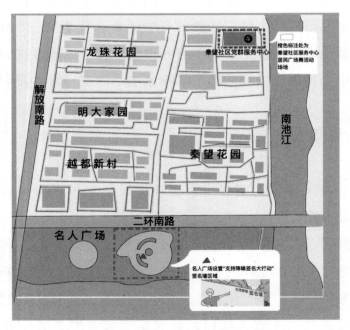

社区广场活动区域及周边区域示意图

三、主要举措

（一）技术手段

　　"无声广场舞"是指每支广场舞团队配备一台无线信号发射器和若干副无线耳机。每台无线信号发射器调频后通过音频插孔和一部手机连接播放，再把若干副无线耳机调至同一频道即可。每台无线信号发射器只要在各自设定的频道在不窜频的情况下可同时使用多副无线耳机，不限耳机数量，覆盖信号范围最远可达500米。针对试点社区广场舞噪声问题，绍兴市生态文明促进会出资购买的一批无线调频耳机，为"无声广场舞"提供了设备保障。

佩戴无声耳机跳广场舞

（二）管理手段

一是精心组织和协作。

作为牵头整改单位，绍兴市生态环境局高度重视，召集绍兴市生态文明促进会、秦望和树下王社区负责人商讨治理方案。同时，组织人员不定期进行夜间走访，引导社区广场舞团队重视噪声扰民问题，树立减声降噪意识，鼓励广场舞领队发挥带头作用，最大程度降低对社区居民的干扰。

"支持降噪签名大行动"签名墙

二是加强宣传。

在绍兴市名人广场设置"支持降噪签名大行动"签名墙，积极营造群众广泛参与支持噪声污染防治工作的浓厚氛围，呼吁市民维护公共秩序，降低噪声，文明娱乐，提高对在公共场所进行广场舞活动的相关规定的理解。

三是加强沟通与交流。

积极联系社区居委会组织召开会议，对广场舞噪声整治进行安排和部署。联合社区居委会与广场舞成员就广场舞噪声问题进行真诚恳切地深入探讨，劝导活动人员自觉遵守法律法规，推荐使用耳机替代音响避免噪声扰民，针对是否愿意佩戴无线耳机表明意向。

四是强化整治。

建立定期与随机相结合的长期监督机制，避免广场舞团队图一时畅快，放弃耳机重用音响的反弹行为。

作者信息：张　涛（绍兴市生态环境局）

叶兴方（绍兴市生态环境局）

沈清清（绍兴市生态环境局）

案例十九　定限值调时间实现双满意

——江西省上饶市立交桥下噪声扰民整治启示

一、背景情况

江西省上饶市万年县建德大桥下有一片 200 平方米左右的空旷场地，万年县政府对场地进行了改造，加装了灯和风扇，成了能避雨、能遮阳的室外文体娱乐活动场所。

但是周边群众在桥下开展文体娱乐活动时产生的噪声干扰了周边居民的正常生活。

市民在桥下跳广场舞

二、治理过程

2021年春节以来，万年县公安部门多次接到群众举报建德桥下的广场舞噪声扰民。公安部门多次前往开展协调工作，取得一定的效果，但噪声扰民问题仍容易出现反复。

2021年2月24日，公安部门与生态环境监测部门开展联合行动，对广场舞噪声进行监测，广场舞组织者对不符合规定的行为进行整改。

三、主要举措

（一）加强监测与沟通

针对居民投诉的问题，2021年2月24日晚上，万年县从事生态环境监测的工作人员对播放歌曲的音响进行了噪声监测。经过监测，音响附近的噪声高达101.8 dB（A）。公安部门和生态环境监测部门共同商议噪声采样点位，在声源地、距离声源100米处的河对岸、居民投诉的小区外围三个点位分别进行噪声监测。2月25日中午，万年县环境监测站会同公安部门再次采集数据，为协调处理事件提供准确有效的数据支持。万年县公安局与广场舞组织者进行了沟通，要求降低音响的音量。

（二）开展调查和宣传

公安部门经过与居民的沟通调查，了解到周边居民并不反对

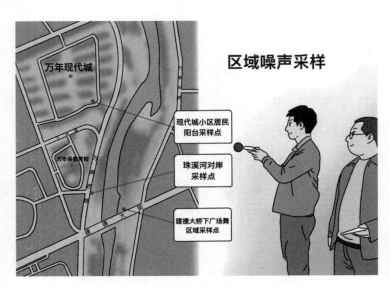

环境监测站工作人员选取点位监测

跳广场舞，主要认为跳广场舞的时间安排不合理，特别是早上6点左右就开始跳广场舞影响正常休息。

针对该情况，公安部门向广场舞组织者普及《噪声法》和《上饶市城市管理条例》等法律法规的内容，增强广场舞组织者对噪声扰民的法律意识。

作者信息：李传乐（上饶市万年生态环境局）